C. Hoffmeister: Zur Photometrie der Milchstraße

Veröffentlichungen der Sternwarte in Sonneberg · Band 1

Veröffentlichungen der Sternwarte
der Deutschen Akademie der Wissenschaften zu Berlin
in Sonneberg

Band 1
Nummer 1

C. Hoffmeister

Zur Photometrie der Milchstraße

Akademie-Verlag GmbH Berlin 1947

Erschienen im Akademie-Verlag GmbH., Berlin C 2, Brüderstr. 26/27
(Fernruf 42 50 01 App. 275)
Gedruckt in der Buchdruckerei Julius Beltz, Langensalza
Bestell- und Verlagsnummer: 2006/1/1 Genehmigt für L.-Nr. 66
Preis: 6,— RM

I. Einleitung

Plan der Arbeit. Bereits meine ersten Untersuchungen über das Zodiakallicht, vor allem aber das genauere Studium der schönen Arbeiten von PANNEKOEK, „Die nördliche Milchstraße“ [1]) und „Die südliche Milchstraße“ [2]), ließen den Plan einer photometrischen Durchmusterung der Milchstraße entstehen als Vorstufe und Grundlage für eine allgemeine Flächenphotometrie des Nachthimmels mit allen seinen Erscheinungen. Ein erster Beitrag dazu erschien im Jahre 1930 [3]). Auf meiner ersten Forschungsfahrt nach niederen Breiten waren neben dem Zodiakallicht auch die PANNEKOEKschen Normalstellen der südlichen Milchstraße vermessen worden, soweit sie jahreszeitlich zugänglich waren. Die dabei angewandte Methode schloß sich eng derjenigen von YNTEMA [4]) und VAN RHIJN [5]) an, nur hatte das Photometer eine handlichere Gestalt erhalten. Das Ergebnis dieser ersten Beobachtungsreihe entsprach insofern nicht ganz den Erwartungen, als sich erwies, daß die Messungen stark entstellt waren durch einen bis dahin nicht bekannten systematischen Fehler, der offenbar auch in den Beobachtungsreihen der beiden älteren Autoren wirksam ist und seine Ursache in erster Linie in der Vergleichung ungleich großer Flächen zu haben scheint. Die Angelegenheit ist heute noch nicht ganz geklärt; die weitere Verfolgung, vor allem auch durch Messungen im Laboratorium [6]), ergab aber wenigstens die praktischen Gesichtspunkte, daß die Vergleichung von Flächenhelligkeiten bei geringen Intensitäten grundsätzlich bedenklich ist, sofern die Flächen nicht unter einem relativ großen Winkel erscheinen, und daß es sich daher empfiehlt, Gesamtintensitäten, also das Gesamtlicht gleichgroßer Flächen, zu vergleichen, die dann auch so klein sein dürfen, wie der Schwellenwert dies noch zuläßt. Auf Grund dieser Erfahrungen wurde später ein neues Photometer konstruiert. Durch jenen systematischen Fehler aber war eine erhebliche Unsicherheit in die erste Messungsreihe getragen worden. Eine weitere Quelle der Unsicherheit bestand darin, daß der Anschluß an Sterngrößen erst Monate später durchgeführt werden konnte und auf der zweifelhaften Annahme gleichgebliebener Lampenhelligkeit beruhte. So war von Anbeginn eine Wiederholung der Messungen mit besseren Mitteln ratsam, wie ja jene Forschungsfahrt vom Jahre 1930 überhaupt in erster Linie als ein Versuch gedacht war, der zeigen sollte, inwieweit astronomische Beobachtungen der vorgesehenen Art vom fahrenden Schiff aus möglich seien.

Bei der Planung der zweiten Forschungsfahrt im Frühjahr 1933 wurden alle Erfahrungen der ersten Reise, instrumentell und organisatorisch, berücksichtigt. Die Verbesserungen bestanden vor allem in folgendem: neuartiges Photometer

---

[1]) Ann. Sternwarte Leiden XI, 3 (1920).

[2]) Ann. Sternwarte Lembang II, 1.

[3]) C. HOFFMEISTER, Beitrag zur Photometrie der südlichen Milchstraße und des Zodiakallichts. Veröffentl. Sternw. Babelsberg VIII, 2 (1930).

[4]) Publ. Groningen Nr. 22.

[5]) Publ. Groningen Nr. 31.

[6]) N. RICHTER, Über systematische Fehler bei der Messung schwacher Flächenhelligkeiten. Mitt. Sternw. Sonneberg Nr. 18 (1930).

unter Verwendung radioaktiver Leuchtscheiben; Benutzung eines reinen Frachtschiffes, daher geringere Störung durch Licht; Mitnahme eines Assistenten, der die Aufschreibungen besorgte; Ausdehnung der Reise über längere Zeit und erheblich weiter nach Süden. Der Verlauf der Unternehmung ist an anderer Stelle beschrieben worden [1]). Auch ist der größte Teil des anderweitigen Beobachtungsmaterials inzwischen bearbeitet und veröffentlicht worden. Als Assistent nahm Herr NIKOLAUS RICHTER an der Fahrt teil.

Die Leuchtscheiben wurden ihrerseits von Zeit zu Zeit durch Vergleichung mit der Hefnerlampe unter Kontrolle gehalten. Die Erfahrung scheint zu zeigen, daß es durch diese Maßnahmen gelungen ist, die über mehrere Jahre verteilten Beobachtungen sehr nahe auf eine konstante Einheit zu beziehen.

Meine Bemühungen um die Photometrie der Milchstraße betrachte ich mit vorliegender Arbeit noch nicht als abgeschlossen. Obgleich es den Anschein hat, daß Nullpunkt und Skalenwert des Größensystems jetzt gut bestimmt sind, ist eine weitere Kontrolle, möglichst durch ein unabhängiges Verfahren, doch erwünscht. Auch sind einige Normalstellen noch nicht hinreichend sicher gemessen, und auf beiden Hemisphären wäre die Einbeziehung weiterer Stellen, vielleicht sogar aller jener Stellen, für welche PANNEKOEK Stufenzahlen gibt, von Vorteil im Hinblick auf die angestrebte gleichmäßige photometrische Erfassung des Bandes der Milchstraße in allen seinen Teilen. Die Erreichung dieses Zieles würde die Erstellung einer weiteren ziemlich umfangreichen Beobachtungsreihe zur Voraussetzung haben. Da es immerhin nicht ganz sicher ist, ob ich diesen Plan werde verwirklichen können, übergebe ich das bereits vorliegende Material als Teilbeitrag der Öffentlichkeit.

2. Die Gewinnung der Helligkeitsnormalen

A. Die Leuchtscheiben und die Art ihrer Messung. Das in der Einleitung kurz beschriebene Verfahren der Verwendung von Radium-Leuchtscheiben wäre als ideal zu bezeichnen, wenn diese Scheiben über längere Zeit konstant wären. Dies ist aber nicht der Fall, und es entstand daher die Aufgabe, den Helligkeitsabfall der Scheiben zu bestimmen und die Beobachtungen auf konstante Werte zu reduzieren. In einer Hinsicht jedoch leisten die Leuchtscheiben alles, was man von ihnen erwarten konnte: bei der Ausschaltung der Schwankungen der Lampenhelligkeit im Verlaufe einer Nacht, denn über so kurze Zeit sind sie als absolut konstant anzusehen, und auch eine merkliche Abhängigkeit von der Temperatur scheint nach den hier ausgeführten Versuchen nicht zu bestehen.

Die Radium-Leuchtscheiben wurden 1933 Febr. 20 und 21 angefertigt mit Material, welches mir Herr Prof. Dr. DIEHL in Schwenningen in dankenswerter Weise zur Verfügung gestellt hatte. Das mit Spuren von Radiumsalz versetzte Zinksulfid wurde mittels eines Bindemittels in dünner Schicht auf Glas aufgetragen und durch ein mit Canadabalsam abgedichtetes Deckglas gegen Luft geschützt. Es wurden 9 Scheiben hergestellt und schließlich diejenigen mit den Nummern 1, 4 und 9 zum dauernden Gebrauch ausgewählt. Die Scheiben wurden in lichtdichte Blechkassetten eingeschlossen und der Schieber nur bei der Benutzung im Photometer geöffnet, so daß die Erregung des ZnS durch Fremdlicht ausgeschlossen war.

Die fortlaufende Eichung der Scheiben geschah mittels der Hefnerlampe. Zu

---

[1]) C. HOFFMEISTER, Die Zweite Sonneberger Forschungsfahrt. Mitt. Sternwarte Sonneberg Nr. 29 (1935).

diesem Zweck wurde vor die Photometeröffnung eine diffus reflektierende Fläche aus Schreibpapier unter 45° gesetzt und mittels der Hefnerlampe aus bekanntem Abstand beleuchtet. Gemessen wurden abwechselnd diese Fläche und die an derselben Stelle angebrachten Leuchtscheiben, deren jeweilige Helligkeiten somit leicht auf die Flächenhelligkeit reduziert werden konnten, welche die Hefnerlampe bei einem Abstand von 100 cm auf der Hilfsfläche hervorbrachte.

Es war nicht beabsichtigt, auf diese Weise den Anschluß an das System der Sterngrößen herzustellen; vielmehr sollte nur der relative Helligkeitsabfall der Scheiben durch Vergleichung mit einer konstanten Lichtquelle ermittelt werden. Die Hefnerlampe war dabei in einem Blechgehäuse eingeschlossen, dessen Fenster mit einer Scheibe von Opalglas und einem Blaufilter versehen war. Dieses Verfahren widerspricht den Verwendungsvorschriften der Hefnerlampe[1]), ließ sich jedoch schwer vermeiden, da das Licht zwecks Vergleichung mit den Leuchtscheiben gefiltert werden und die Messungen vielfach in einem engen Raum (Schiffskabine) ausgeführt werden mußten, wo Reflex von den Wänden zu befürchten war. Da indessen die Hefnerlampe hier nicht als absolute Lichtquelle anzusehen war, ist die Anordnung weniger bedenklich. Immerhin sind die in den Helligkeitsbestimmungen der Leuchtscheiben erkennbaren Unregelmäßigkeiten wahrscheinlich darauf zurückzuführen.

B. Das zeitliche Verhalten der Leuchtscheiben. In den folgenden Übersichten sind die Helligkeiten der Leuchtscheiben zunächst in einer willkürlichen Einheit gegeben, derjenigen, welche man erhielt, wenn man den Schirm unter 45° mittels der Hefnerlampe durch Filter und Opalglas aus 100 cm Abstand beleuchtete.

Von Bedeutung sind in diesem Zusammenhang noch die Intensitätsverhältnisse der Leuchtscheiben L S 4 : L S 1 und L S 9 : L S 4, abgeleitet aus den Messungen während der Beobachtungen am Himmel, also unabhängig von den Messungen in Tabelle 1, unter Beschränkung auf die Zeit der Expedition von 1933.

Die Bearbeitung der Photometerbeobachtungen wurde seinerzeit zurückgestellt, teils wegen zu starker Inanspruchnahme durch andere Aufgaben, teils weil sie durch weitere Messungen ergänzt werden sollten. Insbesondere war beabsichtigt, auch die nördliche Milchstraße in ähnlicher Weise zu vermessen. Diese Beobachtungen wurden dann im Herbst 1933 und im Jahre 1934 auf der Sternwarte zu Sonneberg ausgeführt. Ein weiterer kleiner Beitrag, wiederum vom Südhimmel, fiel 1937 anläßlich der dritten Forschungsfahrt nach Windhuk, Südwestafrika, an. Daß diese äußerst günstige Gelegenheit nicht stärker für photometrische Zwecke ausgenutzt wurde, hatte zwei Gründe: erstens ließ der Umfang des sonstigen Programms keine weiteren Beobachtungen zu, zweitens hatte schon vorher einer meiner Vorgänger auf der Station Windhuk, Dr. Skoberla aus Breslau, mit einem in Sonneberg gebauten, mit dem meinigen übereinstimmenden Photometer umfangreiche Beobachtungsreihen, besonders am Zodiakallicht, erhalten, weshalb mir weitere Beobachtungen dieser Art damals nicht als vordringlich erschienen. Dr. Skoberla, der im Jahre 1938 nach mir die Station Windhuk wieder übernahm, wurde dort im folgenden Jahre, kurz vor seiner Ablösung, vom Krieg überrascht, und das Schicksal seiner Beobachtungsreihe ist zur Zeit der Niederschrift dieses Textes (Mai 1945) völlig unbekannt. Es ist bedauerlich, daß nicht mehr Messungen aus Windhuk zur Verfügung stehen, zumal sich im Laufe der hier dargestellten Ermittlungen ge-

---

[1]) Liebenthal, Praktische Photometrie, Braunschweig 1907, S. 120. — Uppenborn-Monasch, Lehrbuch der Photometrie, München und Berlin 1912, S. 59.

zeigt hat, daß die Überlegenheit der Hochstationen für solche Zwecke gegenüber denjenigen auf Meereshöhe noch viel größer ist, als erwartet werden konnte, offenbar nicht nur wegen der geringeren Dunstabsorption, sondern auch mit Bezug auf das atmosphärische Streulicht. Die großen Vorteile der Hochstationen zeigen sich bereits bei der Vergleichung der Beobachtungen in Sonneberg mit denjenigen der zweiten Forschungsfahrt, obgleich die atmosphärischen Verhältnisse auf den tropischen und subtropischen Meeren in denjenigen Nächten, die der Photometrie dienten, scheinbar keinen Wunsch offen ließen.

Tabelle 1. Zeitliches Verhalten der Intensität der Leuchtscheiben nach Vergleichungen mit der Hefnerlampe

Tag der Messung			LS 1	LS 4	LS 9
1933	März	24	0.179	0.331	0.472
		24	0.227	0.388	0.471
		24	0.225	0.367	—
	April	1	0.207	0.424	0.506
		9	0.206	0.421	0.457
		14	0.201	0.405	0.458
		23	0.219	0.439	0.454
	Mai	6	0.191	0.388	0.401
		9	0.246	0.439	0.467
	Okt.	16	0.171	0.342	0.373
		16	—	0.322	—
		17	0.185	0.352	0.368
1934	März	13	0.142	0.250	0.318
		17	0.218	0.342	0.387
		17	0.210	0.325	0.380
	April	10	0.132	0.286	0.336
	Aug.	27	0.133	0.265	0.299
	Sept.	26	0.105	0.198	0.236
		27	0.104	0.231	0.261
	Okt.	13	0.120	0.246	0.269
		15	0.123	0.228	0.243
1935	Okt.	5	0.081	0.205	0.216
		5	—	0.210	0.228
		7	—	0.264	0.263
		7	0.096	0.200	0.210
		8	—	0.233	0.237
		11	—	0.201	0.210
1936	Okt.	15	—	0.244	0.219
		15	0.084	0.225	0.202
1937	März	18	—	0.185	0.177

Eine Beschreibung des Photometers werde ich gelegentlich an anderer Stelle geben. Hier soll nur bemerkt werden, daß der Beobachter im Okular zwei voneinander getrennte gleichgroße Kreisscheiben sieht. Die eine ist ein Ausschnitt des Himmels von etwa 1° Durchmesser, die andere ist die aus Milchglas bestehende, von rückwärts über zwei 45°-Prismen beleuchtete Vergleichsscheibe, deren Intensität durch Verschiebung der Lampe meßbar verändert werden kann. Die Konstruktion ist so, daß das Quadratgesetz erfüllt ist und die an einem schwach beleuchteten Glasmaßstab abgelesenen Werte unmittelbar zur Verwandlung in relative Intensitäten benutzt werden können. Die Kontrolle der Lampenhelligkeit, sowohl innerhalb der einzelnen Teilreihe als auch von Tag zu Tag, geschah durch die Messung radioaktiver Leuchtscheiben, welche, in lichtdichte kleine Kassetten eingeschlossen, vor die sonst das Himmelslicht einlassende Öffnung eingeschoben und durch Wegziehen des Kassettenschiebers freigegeben wurden.

Aus den in Tabellen 1 und 2 mitgeteilten Zahlen läßt sich folgendes schließen:

1. Während der Monate der Expedition 1933 sind die Leuchtscheiben 1 und 4 praktisch konstant gewesen. Die Mittelwerte ihrer Intensitäten sind: L S 1 0.211, L S 4 0.400.

2. Die Leuchtscheibe 9 zeigt bereits während dieser Zeit einen Helligkeitsabfall, der durch die Zahlen der Tabelle 3 dargestellt wird.

3. Mit fortschreitender Zeit nimmt die Intensität aller 3 Leuchtscheiben ab, zunächst rasch, dann nach etwa 2 Jahren erheblich langsamer. Die Intensität der hellsten Leuchtscheibe Nr. 9 sinkt schließlich gegen Mitte 1936 etwas unter diejenige der LS 4. Legt man durch die Meßpunkte nach Möglichkeit glatte Kurven, so erhält man folgenden Verlauf:

Tabelle 2
Intensitätsverhältnisse der Leuchtscheiben

Tag	LS 4 : LS 1	LS 9 : LS 4
1933 März 25	1.96	1.15
26	2.02	1.39
28	1.91	1.23
30	1.92	1.21
31	1.93	1.24
April 4	2.12	1.20
20 I	2.13	1.11
20 II	2.11	1.08
21	1.76	1.14
22	2.11	1.12
Mai 1	1.92	1.07
2 I	—	1.12
2 II	—	1.08
23	—	1.08
31	1.89	1.15

Tabelle 3
Helligkeitsabfall der LS 9, 1933 März bis Mai

Tag	Intensität	Red.-Faktor
1933 März 25	0.498	1.000
April 4	0.478	1.042
14	0.460	1.083
24	0.446	1.117
Mai 4	0.438	1.137
14	0.434	1.148
24	0.430	1.158

Tabelle 4. Verhalten der Intensität der Leuchtscheiben im Verlaufe mehrerer Jahre

Zeit	LS 1	LS 4	LS 9	Zeit	LS 1	LS 4	LS 9
1933.25	0.211	0.400	0.484	1935.50	0.096	0.219	0.240
.50	0.209	0.390	0.413	.75	0.093	0.217	0.230
.75	0.193	0.350	0.378	1936.00	0.091	0.215	0.221
1934.00	0.173	0.313	0.351	.25	0.089	0.213	0.214
.25	0.153	0.283	0.327	.50	0.087	0.211	0.208
.50	0.133	0.257	0.305	.75	0.085	0.209	0.203
.75	0.118	0.240	0.285	1937.00	0.083	0.208	0.199
1935.00	0.107	0.229	0.267	.25	0.082	0.207	0.197
.25	0.100	0.222	0.252				

C. Anschluß an Sterngrößen. Zur Umrechnung der gemessenen Intensitäten auf Sterngrößen je Quadratgrad ist die Kenntnis der in Sterngrößen ausgedrückten Helligkeit der Leuchtscheiben erforderlich, wenn diese aus 77 cm Abstand im Photometer betrachtet werden. Die Bestimmung geschah auf 2 Arten: 1. direkte Vergleichung mit extrafokalen Sternbildern, wobei sich die durch ein Papprohr gegen Nebenlicht geschützte und auf 15 mm Durchmesser abgeblendete Leuchtscheibe in 150 bis 200 cm Abstand vom Beobachter befand und die Vergleichung a) mit bloßen Augen, b) durch ein schwach vergrößerndes Fernrohr ausgeführt wurde unter Herstellung der Helligkeitsgleichheit durch Abstandsänderung. Beim Verfahren b) wurde das Fernrohr so eingestellt, daß Sternscheibe und Leuchtscheibe gleich groß erschienen; 2. Messung im Photometer, dessen Gesichtsfeld durch die Sternscheibe gerade ausgefüllt wurde. — In beiden Fällen mußte bei den Sternscheiben die Helligkeit des Himmelsgrundes in Abzug gebracht werden. Wie zu erwarten war, ergab sich, wenn man visuelle Größen zugrunde legte, eine merkliche Abhängigkeit vom Spektraltypus, indem Sterne frühen Typs relativ schwach erschienen. Die Ursache dafür liegt selbstverständlich darin, daß die Reizempfindungskurve des Auges bei dieser Art von Beobachtungen zwischen den Kurven für foveales und für extrafoveales Sehen liegt. Jedoch zeigte sich sehr gute Übereinstimmung, wenn man sich im wesentlichen auf Sterne der Spektraltypen zwischen Fo und Ko beschränkte.

Tabelle 5. Sterngrößen der Leuchtscheiben im Photometer (Abstand 77 cm)

Tag	Verfahren	LS 1	LS 4	LS 9
1934 März 16	1	$4^{m}.97$	$4^{m}.39$	$4^{m}.23$
16	2	4.96	4.32	4.16
19	2	5.04	4.36	4.20
April 3	2	4.78	4.12	4.02
4	2	4.87	4.12	3.94
6	2	4.99	4.32	4.14
	Mittel	4.94	4.27	4.12
	m. F.	±0.04	±0.05	±0.05
	Epoche:	1934 März 26		

Die Sterngrößen der Leuchtscheiben zu jeder beliebigen Zeit innerhalb der in Betracht kommenden Grenzen können nunmehr nach folgenden Formeln berechnet werden:

$$\text{Leuchtscheibe 1:}\quad m = 4^{m}.94 - 2.5 \log \frac{I_L}{0.154}$$

$$4:\quad m = 4.27 - 2.5 \log \frac{I_L}{0.285}$$

$$9:\quad m = 4.12 - 2.5 \log \frac{I_L}{0.328}$$

Dabei ist I_L der aus Tab. 4 bzw. Tab. 3 zu entnehmende oder zu interpolierende Intensitätswert.

3. Die Umrechnung der am Himmel gemessenen Werte auf konstante Einheit

Mit Rücksicht auf die später vorzunehmende Korrektion wegen Himmelslichts ist es ratsam, zunächst die Angaben von Intensitäten beizubehalten, sie jedoch so umzuformen, daß sie leicht in Sterngrößen verwandelt werden können. Es empfiehlt sich daher, alle Intensitäten in Einheiten derjenigen des Sterns 5. Größe auszudrücken. Unmittelbar beobachtet ist der Abstand a der Lampe von der Vergleichsfläche als Maß der Intensität der zu messenden Fläche. Durch die Bildung der Werte $I' = 1000\, a^{-2}$ werden Intensitätswerte mit willkürlicher und nicht konstanter Einheit erhalten, mit welchen nunmehr folgende Umrechnungen vorzunehmen sind:

1. Korrektion wegen wechselnder Lampenhelligkeit innerhalb der einzelnen Nachtreihe: Faktor f_1;
2. Korrektion wegen Änderung der mittleren Helligkeit der Lampe von Tag zu Tag: Faktor f_2;
3. Umrechnung der so homogenisierten Werte auf die Fläche von 1 Quadratgrad: Faktor f_3;
4. Umrechnung auf die Einheit der Intensität des Sterns 5. Größe: Faktor f_4.

Man hat also zu rechnen:

$$I = 1000 \cdot a^{-2} \cdot f_1 \cdot f_2 \cdot f_3 \cdot f_4$$

und erhält damit homogene Intensitätswerte über die ganze Beobachtungszeit, bezogen auf 1 Quadratgrad und ausgedrückt in Einheiten der Intensität des Sterns 5. Größe. Die Bestimmung der Faktoren f_1 und f_2 geschah auf folgende Weise: Für die Leuchtscheibe 1 seien in einer bestimmten Nacht die Photometerablesungen $a_1, a_2, a_3 .$ und daraus die vorläufigen Intensitäten $1000 \cdot a_1^{-2}$, $1000 \cdot a_2^{-2}$, $1000 \cdot a_3^{-2}$ erhalten. Aus letzteren Werten wurde das Nachtmittel gebildet. Durch Division mittels der einzelnen Intensitäten in das Mittel ergeben sich Faktoren zur Reduktion der Einzelmessungen auf das Mittel. Ebenso wurde mit den Messungen der beiden anderen Leuchtscheiben verfahren. Alle Faktorenwerte einer Nacht wurden mit der Zeit als Argument graphisch aufgetragen, wonach eine durch die Punkte zu legende mittlere Kurve den Wert f_1 für jede Beobachtung zu entnehmen gestattete. — Das bereits gefundene Nachtmittel bezieht die mittlere Lampenhelligkeit auf die Helligkeit der Leuchtscheiben und dient unter Berücksichtigung der langsamen Veränderlichkeit der letzteren (Tab. 3 u. 4) zur Berechnung des Tagesfaktors f_2. — Der scheinbare Radius des beobachteten Himmelsausschnittes ist $0\overset{\circ}{.}558$, demnach die gemessene Fläche 0.978 Quadratgrad; daraus ergibt sich $f_3 = 1.0225$, konstant für die ganze Beobachtungsreihe. Die Nachtmittel der Leuchtscheibenmessungen, bei der veränderlichen Leuchtscheibe 9 unter Reduktion auf März 25 mittels der Faktoren aus Tab. 3, wurden zu einem Gesamtmittel vereinigt unter Beschränkung auf die 13 Nächte, für welche die Werte aller drei Leuchtscheiben vorlagen. Nachstehende Übersicht enthält diese Gesamtmittel, die zugehörigen Sterngrößen der Leuchtscheiben und den Umrechnungsfaktor auf die neue Einheit.

Als Mittel der drei Werte ergibt sich: $f_4 = 3.3653$.

Tabelle 6. Bestimmung des Faktors f_4 für die Reihe von 1933

	LS 1	LS 4	LS 9
Gesamtmittel von $1000 \cdot a^{-2}$	0.41742	0.82717	1.03049
Sterngröße	$4\overset{m}{.}60$	$3\overset{m}{.}90$	$3\overset{m}{.}67$
Intensität der LS in Einh. d. $* 5^m$	1.4454	2.7543	3.4041
Umrechnungsfaktor	3.4627	3.3298	3.3034

Um ein Urteil über Art und Größe der Korrektionen zu ermöglichen, gebe ich im folgenden die Tagesfaktoren der Beobachtungsreihe von 1933 an. Bei drei Nächten fand eine Teilung in je 2 Abschnitte statt, da beide Teilreihen merkliche Unterschiede der Lampenhelligkeit aufwiesen. In den Faktoren zeigt sich insofern eine gewisse Regelmäßigkeit, als die Lampenhelligkeit mit fortschreitender Zeit zunächst langsam zunimmt. Die unvermittelt einsetzende starke Abnahme in der Nacht April 20 ging dem Durchbrennen der Lampe voraus. Von April 21 ab ist eine neue Lampe benutzt.

Tabelle 7. Tagesfaktoren der Reihe von 1933

Tag 1933	f_2	$f_2 \cdot f_3 \cdot f_4$	Tag 1933	f_2	$f_2 \cdot f_3 \cdot f_4$
März 23	0.880	3.028	April 21	0.813	2.798
25	0.978	3.365	22	0.854	2.939
26	1.034	3.558	Mai 1	1.019	3.506
28	1.082	3.723	2 I	1.056	3.634
30	1.161	3.995	2 II	0.955	3.286
31	1.160	3.992	23 I	1.261	4.339
April 4	1.148	3.950	23 II	1.102	3.792
20 I	0.971	3.341	31	1.048	3.606
20 II	0.759	2.612			

Es folgen dieselben Angaben für die in Sonneberg beobachtete Reihe.

Tabelle 8. Bestimmung des Faktors f_4 für die Sonneberger Reihe

	LS 1	LS 4	LS 9
Reduziertes Gesamtmittel von $1000 \cdot a^{-2}$	0.36011	0.67270	0.76758
Sterngröße der LS, Epoche 1934 März 26	$4^{m}.94$	$4^{m}.27$	$4^{m}.12$
Intensität der LS in Einh. d. ⋆ 5^{m}	1.0568	1.9589	2.2490
Umrechnungsfaktor	2.9347	2.9120	2.9300

Als Mittel der drei Werte ergibt sich: $f_4 = 2.9256$.

Tabelle 9
Tagesfaktoren der Sonneberger Reihe

Tag		f_2	$f_2 \cdot f_3 \cdot f_4$
1933	Sept. 26	1.024	3.063
1934	Febr. 13	0.983	2.941
	14	1.036	3.099
	März 14	0.952	2.849
	16	1.439	4.306
	19	0.723	2.163
	April 3	1.017	3.043
	4	0.973	2.911
	6	1.075	3.216
	8	1.080	3.232
	Mai 15	0.905	2.706
	Sept. 7	0.900	2.692
	8	1.217	3.640
	11	0.954:	2.855

4. Das Atmosphärenlicht und sein Einfluß auf die Messungen der Intensität außerirdischer Objekte

Grundsätzliches über diesen Gegenstand habe ich bereits in meiner früheren Arbeit[1]) dargelegt. Dort erfolgte die Reduktion auf das Zenit empirisch mittels der Kurven, welche durch Beobachtung verschieden heller Stellen in verschiedenen Zenitdistanzen erhalten wurden. Hier sollte ein anderer Weg beschritten werden. Da Stellen mit dunklerem Himmelsgrund in höheren galaktischen Breiten bei sehr verschiedenen Zenitdistanzen, zwischen 20° und 84°, beobachtet sind, ist es möglich, den Verlauf

[1]) Veröffentl. d. Univ.-Sternwarte Berlin-Babelsberg VIII, 2 (1930).

des atmosphärischen Eigenlichts sowie seinen Zenitwert aus diesen Beobachtungen zu bestimmen und ebenso in Rechnung zu setzen wie die atmosphärische Extinktion.

Was zunächst die Extinktion anbelangt, so kann sie in bekannter Weise berücksichtigt werden, hier durch Multiplikation der Intensitätswerte mit entsprechenden Faktoren. Unter Zugrundelegung der Tafel von G. MÜLLER wurden somit alle Werte auf das Zenit reduziert. Bei den Beobachtungen in Sonneberg ist auf die Höhenlage ($H = 640$ m) Rücksicht genommen. Für die kurze Reihe aus Windhuk ($H = 1683$ m) liegt ein unabhängig bestimmter Wert vor (1937 Okt. 25 $z = 85^\circ\!.7$ Ext. $= 1^m\!.31$)[1]. Danach entsprachen die Verhältnisse jener Nacht ungefähr denjenigen, welche der MÜLLERschen Kurve für den Säntis-Gipfel zugrundeliegen[2].

Weniger einfach gestaltet sich die Berücksichtigung des Atmosphärenlichtes, worunter hier das bekannte Eigenleuchten der Hochatmosphäre und das Streulicht zu verstehen ist. Näherungswerte ergeben sich, wenn man von den an sternarmen und nicht im engeren Bereich des Zodiakallichts gelegenen Stellen gemessenen Intensitäten den Betrag des Sternlichts abzieht, wobei aber zu beachten ist, daß in den so erhaltenen Restbeträgen noch ein Anteil des Zodiakallichts enthalten ist, das sich bekanntlich, wenn auch in geringer Intensität, über den ganzen Himmel erstreckt. Wenn es nur darauf ankommt, einwandfreie Werte für die Milchstraße zu erhalten, ist dies ohne Belang. Bei der Behandlung des Zodiakallichts selbst muß jedoch auf diesen Umstand Rücksicht genommen werden.

Die Anteile des Sternlichts wurden nach den Tafeln von VAN RHIJN[3]) berechnet, wobei jedoch zu berücksichtigen war, daß diese Tafeln für photographische Größen erstellt sind, hier aber visuelle Größen in Betracht kamen. Die Umrechnung erfolgte nach der a. a. O., S. 5, Fußnote, gegebenen Formel. Die Tafel von VAN RHIJN schließt die Sterngrößen $6^m\!.0$ bis $18^m\!.0$ ein, reicht also bis $18^m\!.5$. Zur Berücksichtigung der Sterne $[18^m\!.5$ habe ich den Wert der letzten Stufe $18^m\!.0$, enthaltend die Sterne $17^m\!.5$ bis $18^m\!.5$ phg., verdoppelt. In sehr niedrigen galaktischen Breiten ist dieses Näherungsverfahren nicht zulässig, da der Anteil der schwächsten Sterne dort erheblich größer ist.

Die Einzelbeobachtungen der Stellen dunklen Himmelsgrundes sind in Anhang I angeführt. Hier interessieren erstens die Abhängigkeit der Helligkeit des Himmelsgrundes von der Zenitdistanz, zweitens die auf das Zenit reduzierten Mittelwerte.

Trägt man die Werte aus Anhang I, Spalte 4, als Funktionen der Zenitdistanz auf, so erhält man Abb. 1 und 2. Man sieht das Ansteigen der von Extinktion und Sternlicht befreiten Helligkeit nach dem Horizont hin, welches auf der Zunahme der effektiven Schichtdicke bei geneigtem Sehstrahl beruht. Der funktionale Zusammenhang beider Größen wird u. a. von der Höhe der Schicht über der Erdoberfläche mitbestimmt, und von verschiedenen Seiten, zuerst von VAN RHIJN[4]), später von ELVEY und Miss FARNWORTH[5]), ist versucht worden, die Höhe der Leucht-

[1]) C. HOFFMEISTER, Die Extinktion in Windhuk. Astr. Nachr. 270.153.

[2]) Handbuch der Astrophysik II, 1, S. 264.

[3]) Publ. Groningen Nr. 43.

[4]) Publ. Groningen Nr. 31.

[5]) Astrophys. Journal 96.451 (1942).

schicht auf diesem Wege zu ermitteln. Nachdem vom Verfasser[1]) die mittlere Höhe der Leuchtstreifen durch direkte photographische Doppelanschnitte zu etwa 120 km bestimmt worden und im übrigen wahrscheinlich gemacht ist, daß sich das Leuchten dieser Erscheinungen vom normalen Nachthimmellicht nicht grund-

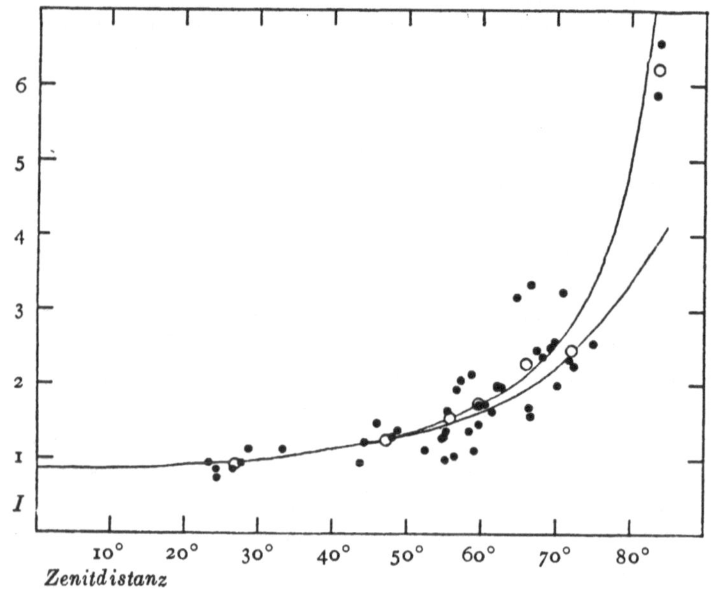

Abb. 1. Atmosphärenlicht, für Extinktion korrigiert; Beobachtungen auf der 2. Forschungsfahrt (Ringe bedeuten Gruppenmittel; obere Kurve: Secansformel, untere Kurve: Leuchtschicht in $H = 120$ km)

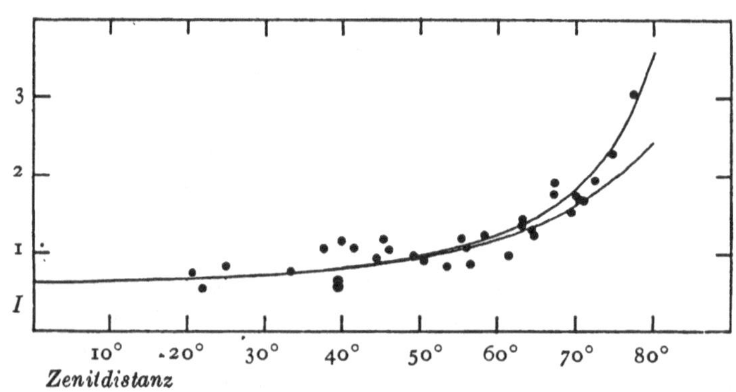

Abb. 2. Atmosphärenlicht, für Extinktion korrigiert; Beobachtungen in Sonneberg (Kurven wie bei Abb. 1)

sätzlich unterscheidet, bestehen keine Bedenken, diesen Wert auch für die Höhe der normalen diffusen Leuchtschicht anzunehmen, wobei noch zu beachten ist, daß die Leuchtzone offenbar eine merkliche vertikale Ausdehnung von 90 km bis mindestens 150 km Höhe besitzt. Hier handelt es sich darum, die Art des Zu-

[1]) Unveröffentlicht.

sammenhangs zwischen Intensität und Zenitdistanz zu untersuchen. Die Beobachtungen werden im folgenden mit 3 Hypothesen verglichen:

1. Leuchtschicht parallel zum Horizont des Beobachtungsortes:

$$I = I_0 \cdot \sec z$$

2. Dünne Schicht in großer Höhe parallel zur Erdoberfläche:

$$I = I_0 \cdot \sec (z - \varepsilon)$$

3. Dicke Schicht in großer Höhe parallel zur Erdoberfläche:

$$I = I_0 \cdot \frac{D_1 - D_2}{H_1 - H_2}$$

$$D_1 = (\varrho + H_1) \cdot \sin \varepsilon_1 \cdot \operatorname{cosec} z$$

$$D_2 = (\varrho + H_2) \cdot \sin \varepsilon_2 \cdot \operatorname{cosec} z$$

H = Höhe der Schichtgrenze

D = Abstand der Schichtgrenze in der Zenitdistanz z vom Beobachtungsort

ε = geozentrischer Winkel, der zum Sehstrahl Beobachtungsort—Schichtgrenze gehört. — ϱ = Erdradius.

Index 1: obere Grenze, Index 2: untere Grenze.

Angenommen wurde im Falle 2: $H = 120$ km, im Falle 3: $H_1 = 140$ km, $H_2 = 100$ km. Der geozentrische Winkel ε kann damit leicht berechnet werden. Überraschenderweise erweist sich, daß die sicher falsche Annahme 1 die Beobachtungen am besten darstellt. Reduziert man die von Extinktion und Sternlicht befreiten Werte mittels der einfachen Secans-Formel auf das Zenit (Anhang I, Spalte 5), so ergeben sich folgende Mittelwerte:

Tabelle 10. Mittelwerte der Zenithelligkeit dunkler Stellen (ohne Sternlicht)

Einheit: Intensität des ∗ $5^{m}.00$

a) Beobachtungen auf der Zweiten Forschungsfahrt

Stelle	Anzahl d. Beob.	I_0	Stelle	Anzahl d. Beob.	I_0
α ½ β UMa	2	0.878	α ½ β Gru	2	1.333
β ½ γ UMi	1	0.864	α Pav ½ β Ind	1	0.647
Nordpol	2	0.796	β ½ γ Dra	1	0.857
Südpol	8	0.808	α ½ ε Boo	2	0.842
bei γ Hyi	7	0.917	15° −77°	1	0.890
Crv Mitte	6	0.899	37.5 −67.3	1	0.680
CrB Mitte	4	0.883	45.0 −71.5	1	0.669
bei Gr MW	1	0.906	100.0 −77.6	1	0.569
α-8 CVn	2	0.687	2.5 −63.0	1	0.675
α Eri ½ α Hyi	2	0.872	7.0 −80.0	1	0.679

b) Beobachtungen auf der Sternwarte zu Sonneberg

Stelle	Anzahl d. Beob.	I_0
α ½ β UMa	5	0.792
Nordpol (Febr.—April)	17	0.590
„ (Sept.)	7	0.650
β ½ γ Dra	17	0.591
ι ½ ϑ Dra	1	0.835
Crv Mitte	1	0.568
CrB Mitte	7	0.602

Mittelwerte: a) Zweite Forschungsfahrt

27 Beobachtungen bei $z < 60°$. 0.8529

18 Beobachtungen bei $60° < z < 80°$ 0.8715

Gesamtmittel 0.8603 aus 45 Werten.

b) Sonneberg

17 Beobachtungen bei $z < 60°$ 0.6676

(ohne Benutzung der Werte für $+ 90°$)

14 Beobachtungen bei $z > 60°$. 0.5906

Gesamtmittel (alle Beobachtungen) aus 55 Werten . 0.6218

Endwerte der Zenit-Intensität des Atmosphärenlichtes:

2. Forschungsfahrt 0.860 ± 0.086 (m. F.)

Sonneberg 0.622 ± 0.012 (m. F.).

Demnach wäre das Atmosphärenlicht auf den bei der zweiten Forschungsfahrt erreichten tropischen und subtropischen Breiten um 38% stärker gewesen als in Sonneberg. Der Unterschied der beobachtbaren Werte würde wegen des Hinzukommens des Sternlichts nur 22% betragen. Man hätte wegen der Einwirkungen von seiten des Erdmagnetismus und wegen des Verhaltens der Leuchtstreifen eher eine größere Helligkeit auf höheren Breiten erwarten können, aber es scheint doch möglich, das hier gewonnene Ergebnis zu verstehen. Erstens wurde in Sonneberg damals nur in ausgesucht dunklen und besonders klaren Nächten gemessen, wogegen auf der Forschungsfahrt eine so strenge Auswahl nicht getroffen werden konnte. Zweitens ist zu beachten, daß in den erhaltenen Intensitätswerten auch noch das atmosphärische Streulicht eingeschlossen ist und daß dieses sowohl wegen der geringeren Höhe der Beobachtungsorte als auch aus dem soeben angegebenen Grunde auf der Forschungsfahrt sicher erheblich stärker war als in Sonneberg. — Außer in den Umständen der Beobachtungen ist hierin wohl auch die Ursache dafür zu sehen, daß die in Sonneberg erlangten Messungen erheblich genauer sind als diejenigen von der Forschungsfahrt.

Die Sonneberger Messungen am Nordpol ergeben einen kleinen Unterschied zwischen Frühjahrs- und Herbstwerten im Sinne der bekannten Jahreskurve der Leuchtstreifen. Der m. F. eines Meßwerts aus drei Einstellungen ist ± 0.088 entsprechend $\pm 0^m.09$.

Was nunmehr den Zusammenhang zwischen Intensität des Atmosphärenlichts und Zenitdistanz anbelangt, so erklärt sich durch die Einbeziehung des Streulichts wohl auch die Abweichung von dem theoretisch zu erwartenden Verlauf. Ganz in diesem Sinne ist es, daß der Mittelwert für $z > 60°$ (Tab. 10) auf der Forschungsfahrt über, in Sonneberg unter deren Gesamtmittel liegt. Im Rahmen der hier gestellten Aufgabe besteht kein Anlaß, Eigenlicht der Atmosphäre und Streulicht zu trennen.

Tabelle 11. Tagesmittel der I_0

Tag			I_0	Anzahl
1933	März	28	0.768	2
		30	0.769	3
	April	20	0.897	12
		21	0.847	12
		22	0.900	5
	Mai	23	0.770	3
		31	0.892	6

Zu untersuchen war allenfalls noch, ob ein merklicher Unterschied zwischen verschiedenen Tagen besteht. Soweit mehr als eine Beobachtung vorlagen, ergaben sich nebenstehende Mittelwerte.

Soweit diese Werte hinreichend gesichert sind, ist die Abweichung vom Mittelwert gering. Die Streuung innerhalb einzelner Nachtreihen ist meist größer als diejenige der Werte der Tab. 11. Daher wurde von einer Anwendung besonderer Tageswerte abgesehen.

Die Werte aus Tab. 10 zeigen keine deutliche Beziehung zur ekliptikalen Breite. Ein Anteil des Zodiakallichts ist daher nicht nachweisbar. Dieser Befund ist so zu verstehen, daß dieser Anteil, mutmaßlich von der Größenordnung 0.1, ohne Zweifel vorhanden ist, wegen des außerhalb der erkennbaren Teile des Zodiakallichts sehr geringen Gradienten jedoch nicht isoliert werden kann.

Zur Frage der Höhenbestimmung der Leuchtschicht möge endlich noch folgendes erwähnt werden: Wie der Verlauf der Kurven in Abb. 1 und 2 zeigt, sind merkliche Abweichungen von Secans-Gesetz eigentlich erst in Zenitdistanzen $> 70^\circ$ zu erwarten, wo die Störungen im Bereiche der untersten Atmosphärenschichten auch in sonst guten Nächten bereits groß werden. Von meinen zahlreichen neueren visuellen und lichtelektrischen Messungen der Himmelshelligkeit am Pol ist mir bekannt, daß Dunst infolge Vermehrung des Streulichts die Helligkeit erhöht. Daher sind von der Methode wohl grundsätzlich keine guten Ergebnisse zu erwarten, sofern nicht etwa unter ganz besonders günstigen Umständen beobachtet werden kann. — Die Rechnung hat gezeigt, daß die Kurve, welche dem oben angeführten Fall 3 entspricht, nur sehr wenig höher liegt als diejenige des Falles 2; die Vernachlässigung der Schichtdicke in der von van Rhijn gegebenen Formel ist also gerechtfertigt.

Ein wesentliches Ergebnis der vorstehenden Betrachtungen sehe ich in der Feststellung, daß der Anteil des hochatmosphärischen Emissionsleuchtens an dem zur Beobachtung gelangenden Gesamtlicht in dunklen Nächten überraschend gering ist. Beachtet man, daß in dem Zenitwert von Sonneberg noch die Anteile des Streulichts und des Zodiakallichts enthalten sind, so verbleibt als Anteil des Emissionslichtes höchstens ein Drittel des Gesamtlichtes, ungefähr entsprechend der Intensität eines Sterns 6. Größe je Quadratgrad. Da anderseits in Leuchtstreifennächten Steigerungen des Gesamtlichtes um eine Größenklasse beobachtet worden sind und diese Steigerungen wohl allein auf Verstärkung des Emissionsleuchtens beruhen, müssen Schwankungen des letzteren im Verhältnis von mindestens 8 : 1 zugelassen werden.

Bei der Reduktion der Messungen heller Stellen nach dem vorstehend dargelegten Verfahren, insbesondere unter Verwendung der Secans-Formel, zeigte sich eine schwache Entstellung derart, daß bei großen Zenitdistanzen zu kleine Intensitäten gefunden wurden. Wenn das Reduktionsverfahren in Ordnung ist, müssen die Endwerte unabhängig von der Zenitdistanz sein. Die beiden möglichen Verfahren sollen hier einander gegenübergestellt werden. Ihr Unterschied ist, daß beim Verfahren 1 die gemessenen Werte B durch Multiplikation mit dem Faktor E sofort von der Extinktion befreit werden und sodann das von der Extinktion und vom Anteil der Sterne befreite Himmelslicht abgezogen wird, wogegen im Falle 2 die beobachteten Werte zunächst beibehalten und von dem in derselben Zenitdistanz direkt beobachteten Himmelslicht, abzüglich des um die zugehörige Extinktion geschwächten Sternlichts, befreit werden und die Extinktion erst zuletzt berücksichtigt wird:

$$\text{Verfahren 1:}\quad I = BE - (HE - S)$$
$$2:\quad I = \left[B - \left(H - \frac{S}{E}\right)\right] \cdot E\,.$$

Die Verfahren sind also an sich identisch; nur die Reihenfolge der Operationen ist verschieden. Sie unterscheiden sich jedoch in der Art, wie die Korrektion für Himmelslicht ermittelt wird: im ersten Falle durch Unterlegung der Secans-Formel

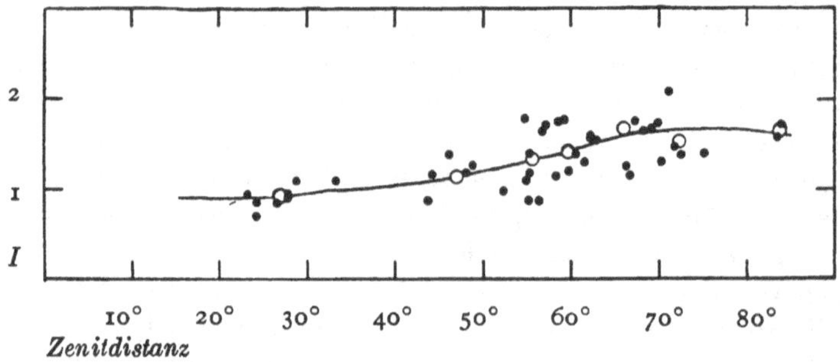

Abb. 3. Atmosphärenlicht; beobachtete Werte (2. Forschungsfahrt).

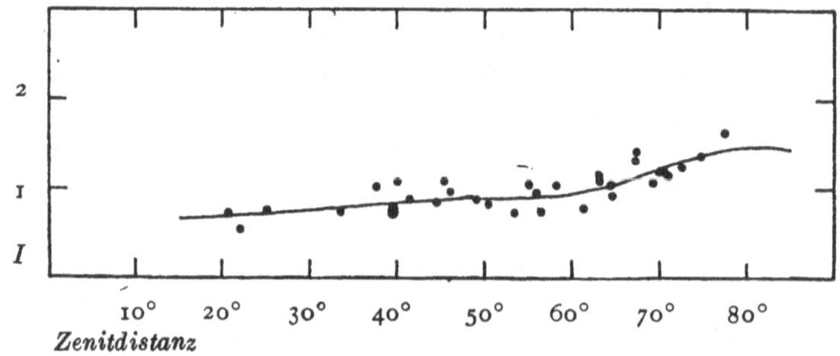

Abb. 4. Atmosphärenlicht; beobachtete Werte (Sonneberg).

Tabelle 12. Korrektionen wegen Atmosphärenlichts.
(Einheit: * 5^m je Quadratgrad.)

z	2. F. F.	Sonneberg	z	2. F. F.	Sonneberg
10°	0.900	—	68°	1.610	1.154
15	0.900	—	70	1.640	1.220
20	0.900	0.690	71	1.652	1.254
25	0.905	0.715	72	1.660	1.290
30	0.940	0.755	73	1.665	1.326
35	0.990	0.805	74	1.667	1.361
40	1.040	0.855	75	1.665	1.390
45	1.098	0.890	76	1.664	1.418
50	1.188	0.900	77	1.662	1.443
52	1.230	0.902	78	1.658	1.463
54	1.276	0.906	79	1.654	1.478
56	1.325	0.911	80	1.649	1.488
58	1.375	0.924	81	1.642	1.492
60	1.425	0.950	82	1.632	1.490
62	1.475	0.990	83	1.620	1.486
64	1.525	1.038	84	1.606	—
66	1.572	1.092	85	1.590	—

2. F. F. = Zweite Forschungsfahrt.

für HE, im zweiten Falle durch empirische Ermittlung von $H - \frac{S}{E}$ aus den direkten Beobachtungen. Wenn die Secans-Formel den Messungen voll genügt, sollten daher auch die Ergebnisse identisch sein. Unstimmigkeiten können nur dadurch entstehen, daß die in Abb. 1 und 2 erkennbaren Abweichungen von der Secans-Formel nicht zufälliger Art, wie zunächst angenommen werden mußte, sondern reell sind, mindestens diejenigen bei großen Zenitdistanzen. Daher war für die endgültige Reduktion das empirische Verfahren vorzuziehen.

Die beobachteten Intensitäten dunkler Stellen fern der Milchstraße ergaben, vom Sternlicht befreit, die in Abb. 3 und 4 dargestellten Verteilungen, denen durch die eingezeichneten Kurven entsprochen wurde. Die Werte dieser Kurven sind die in Tab. 12 aufgeführten Korrektionsbeträge, welche von der beobachteten Gesamtintensität abgezogen werden müssen.

5. Die endgültigen Intensitätswerte der Milchstraßenstellen

Das Verfahren, welches zu den endgültigen Intensitätswerten führte, soll nochmals kurz dargestellt werden: Mittels der Leuchtscheibenanschlüsse wurden ermittelt a) die Schwankungen der Lampenhelligkeit innerhalb jeder Teilreihe, b) die Veränderungen der Lampenhelligkeit von Nacht zu Nacht. Die Beobachtungen wurden entsprechend korrigiert und sodann mittels der Anschlüsse an Sterne auf die Intensität des Sterns 5^m je Quadratgrad als Einheit der Flächenhelligkeit umgerechnet. Damit waren die wirklich am Himmel zu beobachtenden Intensitäten erhalten, die zustande kommen durch die Überlagerung von Milchstraßenlicht, Zodiakallicht und Atmosphärenlicht und zwar Eigenlicht der Atmosphäre plus Streulicht — und die überdies von der Extinktion beeinflußt sind. Messungen bei Zenitdistanzen $> 70°$ wurden bei den Beobachtungen von der Forschungsfahrt ausgeschlossen. Es erweist sich auf Grund der vorhandenen Beobachtungen als unmöglich, den Anteil des Zodiakallichts in höheren ekliptikalen Breiten abzutrennen. Der darauf entfallende offenbar geringe Betrag bleibt nach dem eingeschlagenen Verfahren im Atmosphärenlicht enthalten. Der Verlauf des letzteren in Abhängigkeit von der Zenitdistanz wird nunmehr ermittelt, getrennt für die Beobachtungen auf der Forschungsfahrt und diejenigen in Sonneberg. Die gefundenen Beträge werden von den Messungen der Milchstraßenstellen abgezogen und die verbleibenden Intensitätswerte durch Multiplikation mit den Extinktionsfaktoren auf das Zenit reduziert. Die so gewonnenen Einzelwerte sind in Anhang II enthalten, die Endwerte in Anhang III. Hinzugefügt sind die m. F. der Mittelwerte, die m. F. der einzelnen Bestimmungen, sofern mehr als zwei Beobachtungen vorlagen, die Umrechnungen auf Größenklassen und die Stufenwerte nach Pannekoek. Der Übergang auf die m. F. in Größenklassen erfolgte mittels der Differentialformel:

$$-\frac{d\,\Delta m}{d\,I} = \frac{2.5 \log e}{I},$$

wo Δm den Größenunterschied gegen den Stern $5^m.0$ bedeutet.

Für die wenigen in Windhuk beobachteten Werte wurde das Atmosphärenlicht in Ermangelung anderer Angaben so angenommen wie in Sonneberg. Die Extinktion wurde erhalten durch Multiplikation der von G. Müller für den Säntisgipfel gefundenen Faktoren mit 0.904, entsprechend der vom Beobachtungstag vorliegenden Bestimmung.

6. Systemvergleichungen

a) HOFFMEISTER 1930. Die Entstehungsgeschichte dieses Systems von Angaben in Sterngrößen wurde in der Einleitung behandelt. Folgende Übersicht zeigt die Vergleichung der älteren mit den neueren Werten.

Tabelle 13.
Vergleichung der Größenangaben von HOFFMEISTER.
(Südliche Milchstraße.)

Stelle	Gr. 1933	Gr. 1930	Δm	Gr. 1930 red.
ψ	$4\overset{\mathrm{m}}{.}47$	$3\overset{\mathrm{m}}{.}71$	$+0\overset{\mathrm{m}}{.}76$	$4\overset{\mathrm{m}}{.}38$
φ	4.37	3.75	+0.62	4.41
γ	4.41	3.80	+0.61	4.45
V	4.24	4.26	—0.02	4.81
Y	4.87	4.01	+0.86	4.61
U	5.22	4.53	+0.69	5.01
A	3.49	2.46	+1.03	3.42
A′	3.52	2.89	+0.63	3.75
C	4.29	3.70	+0.59	4.38
D	4.89	4.18	+0.71	4.74
D′	4.72	4.45	+0.27	4.95
E	4.67	4.56	+0.11	5.04
E′	5.55	4.71	+0.84	5.15
F	3.81	3.02	+0.79	3.85
G	4.06	3.34	+0.72	4.10
G′	3.98	3.19	+0.79	3.98
H	4.83	4.35	+0.48	4.87
K	4.67	4.18	+0.49	4.74
ζ	4.22	3.31	+0.91	4.08
π	2.90	1.93	+0.97	3.02
L	3.63	2.42	+1.21	3.39

Die Werte von 1930 sind demnach im Mittel um etwa $0\overset{\mathrm{m}}{.}7$ zu hell. Eine Ausgleichung nach der Methode der kleinsten Quadrate unter Ausschluß der stark und entgegengesetzt abweichenden, mit geringer Sicherheit beobachteten Punkte V und E′ ergab folgende Formel für die Beziehung zwischen beiden Systemen:

$$\Delta m = 0.373 + 0.2326\,(5.0 - m_{1930}).$$

Demnach ist das System von 1930 mit einem Nullpunktsfehler von $0\overset{\mathrm{m}}{.}37$ behaftet, und die Skala muß um 23% enger genommen werden. Angesichts der Schwierigkeiten, unter welchen die damalige Größenbestimmung zu leiden hatte, sind diese Fehler an sich nicht überraschend hoch. Ihr starker Einfluß auf die Endwerte ist dem unglücklichen Umstand zuzuschreiben, daß sie sich in den meisten Fällen addieren. Mittels der Formel wurden die in der letzten Spalte der Tab. 13 angeführten reduzierten Größen der Beobachtungsreihe vom Jahre 1930 erhalten.

b) Stufenwerte von PANNEKOEK. Für die Normalstellen der südlichen Milchstraße ergab sich folgende Vergleichung der Mittelwerte:

Tabelle 14. Vergleichung von PANNEKOEKs Stufen mit Sterngrößen.
(Gruppenmittel, Südliche Milchstraße.)

Gr.	$\overline{\text{Gr.}}$	St.	n
$2\overset{\mathrm{m}}{.}5$—$3\overset{\mathrm{m}}{.}4$	$2\overset{\mathrm{m}}{.}96$	9.40	2
3.4 —3.9	3.66	6.27	7
3.9 —4.25	4.09	3.24	8
4.25—4.5	4.40	2.78	5
4.5 —4.85	4.69	0.96	5
>4.85	5.06	0.98	6

Die Verteilung der Einzelwerte und die Lage der mittleren Kurve sind aus Abb. 5 zu ersehen.

Ordnet man die Abweichungen gegenüber der mittleren Kurve in Abb. 5 nach galaktischer Länge, so erhält man das in Abb. 6 dargestellte Bild. Die im Jahre 1930 gewonnene Erkenntnis, „daß bei PANNEKOEK die Gegend von 200° bis 250° galaktischer Länge etwas zu hell, die Fortsetzung bis etwa 300° etwas zu schwach beobachtet ist", wird somit durch die neueren Messungen bestätigt. Die Amplitude kommt jetzt etwas größer heraus als damals. Von 300° bis 340° scheinen die systematischen Fehler klein zu sein, doch ist die Streuung hier offenbar größer, als in den

Gegenden von kleinerer galaktischer Länge, was wahrscheinlich irgendwie mit den Umständen der Beobachtungen zusammenhängt. Angesichts der Wetterschwierigkeiten, mit denen PANNEKOEK zu kämpfen hatte, ist es ohnehin überraschend, daß ein so homogenes System von Helligkeitsstufen erarbeitet werden konnte. Es zeugt dies von großem beobachterischem Geschick des Urhebers der Arbeit.

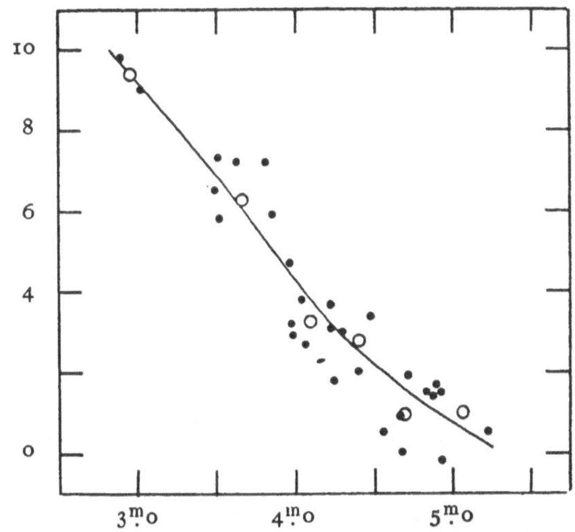

Abb. 5. Beziehung von PANNEKOEKS Stufen zu Sterngrößen; südliche Milchstraße, Normalstellen.

Im Bereich der nördlichen Milchstraße liegen Größenangaben auch für zahlreiche Stellen vor, welche nicht PANNEKOEKsche Normalstellen sind, sondern bei ihm solche zweiter Ordnung. Da sich zwischen beiden Gruppen ein systematischer Unterschied zu zeigen scheint, wurden beide getrennt behandelt. Für die im Rahmen meiner Messungen der nördlichen Milchstraße mitgenommenen südlichen Stellen mußten die Stufenwerte dabei so angesetzt werden, wie sie PANNEKOEK auf S. 13 der „Südlichen Milchstraße" anführt, also auf das nördliche System reduziert. Ein Unterschied besteht nur bei der Stelle U (0.2 statt 0.5).

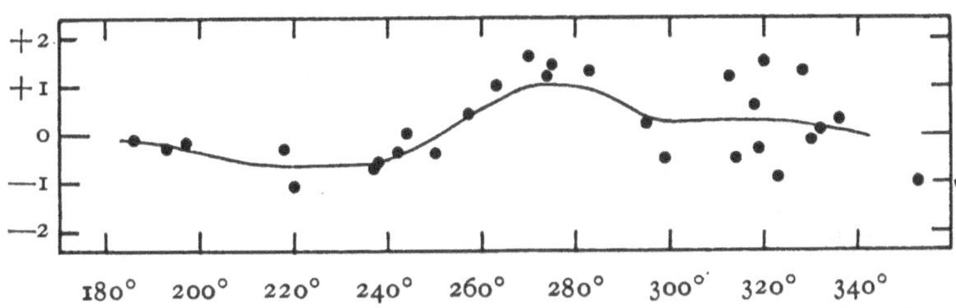

Abb. 6. Systematische Fehler *R–B* von PANNEKOEKS Stufenzahlen südlicher Normalstellen.

Tabelle 15. Vergleichung von PANNEKOEKs Stufen mit Sterngrößen. (Gruppenmittel; Nördliche Milchstraße; Normalstellen.)

Gr.	$\overline{Gr.}$	St.	*n*
$3^m_.7$—$4^m_.0$	$3^m_.84$	4.93	4
4.0—4.3	4.17	2.95	8
4.3—4.8	4.58	1.57	4
4.8—5.0	4.99	0.30	2

Tabelle 16. Vergleichung von PANNEKOEKs Stufen mit Sterngrößen. (Gruppenmittel; Nördliche Milchstraße, Stellen 2. Ordnung.)

Gr.	$\overline{Gr.}$	St.	*n*
$3^m_.8$—$4^m_.2$	$4^m_.06$	4.58	6
4.2—4.4	4.30	2.67	7
4.4—4.6	4.49	2.19	14
4.6—4.8	4.68	1.57	15
4.8—5.0	4.90	0.94	12
5.0—5.2	5.10	0.97	6

Die Verteilung der Einzelwerte wird aus Abb. 7 und 8 ersichtlich. Offenkundig liegt die mittlere Kurve bei den Stellen 2. Ordnung etwas höher als bei den Normalstellen, in ihrem mittleren Teil um etwa 0.3 Stufen, auf den Flügeln um etwa 0.9

Stufen. Da ein solcher Unterschied schwer verständlich ist, möchte ich ihn, auch im Hinblick auf die Streuung der Einzelwerte, als zufällig ansehen und unberücksichtigt lassen.

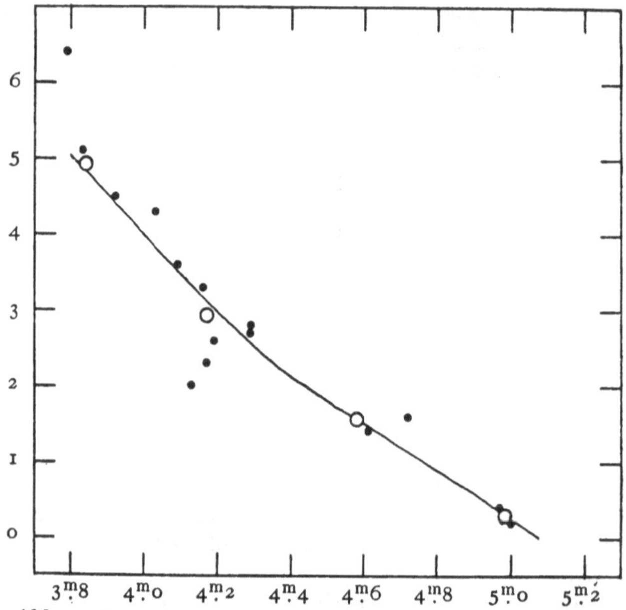

Abb. 7. Beziehung von PANNEKOEKS Stufen zu Sterngrößen; nördliche Milchstraße, Normalstellen.

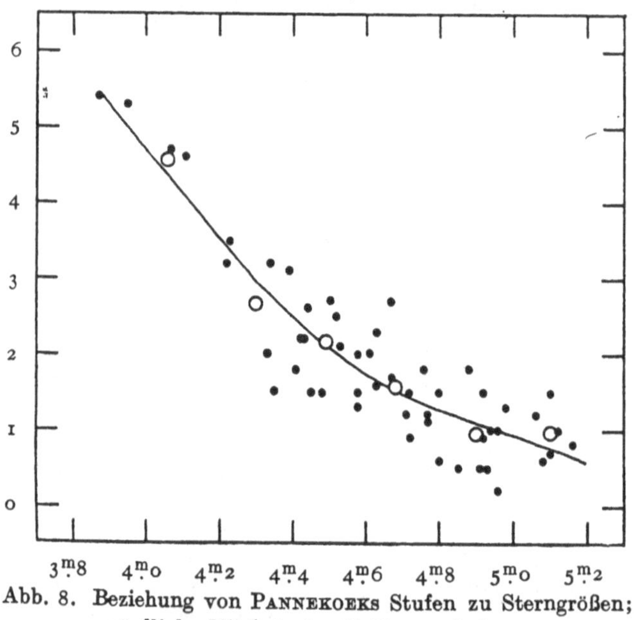

Abb. 8. Beziehung von PANNEKOEKS Stufen zu Sterngrößen; nördliche Milchstraße, Stellen 2. Ordnung.

Abb. 9 zeigt die Abweichungen der nördlichen Stufenwerte im Sinne Kurve minus Beobachtung, nach galaktischer Länge geordnet. Ein systematischer Gang ist hier nicht nachweisbar. Die Streuung geht ohne Zweifel zum Teil zu Lasten meiner Größenbestimmungen, welche bei den nördlichen Stellen zweiter Ordnung in der Mehrzahl noch wenig sicher sind.

Als Endergebnis dieser Betrachtungen ergibt sich folgende Tabelle zur Verwandlung von PANNEKOEKS Stufen in Angaben von Sterngrößen je Quadratgrad, womit für den gesamten Zug der nördlichen und südlichen Milchstraße ein einheitliches photometrisches System aufgestellt ist. Im Bereich der südlichen Milchstraße können zur Verfeinerung noch die aus Abb. 6 zu entnehmenden Korrektionen in Abhängigkeit von der galaktischen Länge angebracht werden. Bemerkenswert ist, daß sich die

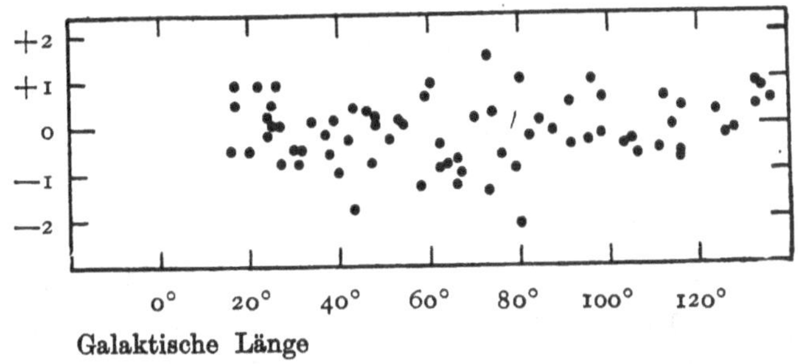

Abb. 9. Systematische Fehler von PANNEKOEKS Stufenzahlen; nördliche Milchstraße.

Tabelle 17. Verwandlung von PANNEKOEKS Stufenzahlen in visuelle Sterngrößen je Quadratgrad.

Stufenzahlen	Südliche Milchstraße Gr.	Nördliche Milchstraße Gr.	Stufenzahlen	Südliche Milchstraße Gr.	Nördliche Milchstraße Gr.
10.0	$2^{\mathrm{m}}82$	—			
9.8	2.87	—	4.8	$3^{\mathrm{m}}90$	$3^{\mathrm{m}}90$
9.6	2.93	—	4.6	3.93	3.94
9.4	2.97	—	4.4	3.97	3.97
9.2	3.01	—	4.2	4.01	4.00
9.0	3.06	—	4.0	4.05	4.04
8.8	3.10	—	3.8	4.10	4.08
8.6	3.14	—	3.6	4.15	4.11
8.4	3.18	—	3.4	4.19	4.15
8.2	3.23	—	3.2	4.24	4.18
8.0	3.27	—	3.0	4.28	4.22
7.8	3.32	—	2.8	4.33	4.26
7.6	3.36	—	2.6	4.38	4.31
7.4	3.40	—	2.4	4.44	4.36
7.2	3.44	—	2.2	4.49	4.41
7.0	3.48	$3^{\mathrm{m}}56$	2.0	4.55	4.47
6.8	3.52	3.59	1.8	4.61	4.53
6.6	3.56	3.62	1.6	4.68	4.60
6.4	3.60	3.65	1.4	4.75	4.68
6.2	3.63	3.68	1.2	4.83	4.76
6.0	3.67	3.71	1.0	4.91	4.85
5.8	3.71	3.74	0.8	4.98	4.95
5.6	3.74	3.77	0.6	5.06	5.05
5.4	3.78	3.80	0.4	5.14	5.16
5.2	3.82	3.83	0.2	5.22	5.27
5.0	3.86	3.86	0.0	5.30	5.38

beiden auf völlig unabhängige Art ermittelten Skalen nur um Hundertstel der Größenklasse unterscheiden, ein Beweis für die sehr nahe Übereinstimmung von PANNEKOEKS nördlichem und südlichem Stufensystem.

7. Weitere Untersuchung der Beobachtungen

Berechnet man aus Anhang III die Mittelwerte der m. F. einer Bestimmung, so ergibt sich folgende Vergleichung:

Tabelle 18. Mittelwerte des m. F. einer Bestimmung.

Reihe	m. F.	n
Zweite Forschungsfahrt	$\pm 0^m.210$	43
Sonneberg	± 0.159	20

Es ist zu beachten, daß diese Werte nicht die reine Beobachtungsgenauigkeit kennzeichnen, daß sie vielmehr mitbestimmt sind durch Unsicherheiten der Berichtigungen wegen Atmosphärenlicht und Extinktion. So kommt in der Verkleinerung des Wertes für Sonneberg wohl nicht allein die größere Sicherheit der Einstellungen gegenüber derjenigen auf fahrendem Schiff, sondern vielleicht in erster Linie die überlegene Stetigkeit der atmosphärischen Bedingungen in den Beobachtungsnächten zum Ausdruck.

Tabelle 19. Abhängigkeit der Fehlermittel von der Zenitdistanz. (2. Forschungsfahrt)

	a) Schwache Stellen $I < 1.5$			b) Mittelhelle Stellen $I = 1.5$—3.0			c) Helle Stellen $I > 3.0$			Alle Stellen	
z	Mittl. syst. Abw.	Mittl. abs. Abw.	n	Mittl. syst. Abw.	Mittl. abs. Abw.	n	Mittl. syst. Abw.	Mittl. abs. Abw.	n	Mittl. syst. Abw.	n
<30°	—0.087	0.133	8	+0.151	0.296	10	+0.151	0.519	10	+0.083	28
30—40°	—0.058	0.202	24	—0.064	0.293	20	+0.060	0.394	15	—0.030	59
40—45°	—0.096	0.166	17	+0.042	0.168	6	(+0.464)	0.464	3	+0.001	26
45—50°	—0.062	0.259	25	—0.137	0.306	17	—0.045	0.233	9	—0.084	51
50—55°	+0.078	0.147	17	—0.361	0.501	8	—0.012	0.380	10	—0.048	35
55—60°	+0.095	0.230	13	+0.052	0.194	14	—0.016	0.706	15	+0.046	42
60—70°	+0.168	0.309	16	+0.143	0.302	28	—0.160	0.589	19	+0.058	63
>70°	—0.196	0.586	9	+0.083	0.450	16	+0.036	1.251	8	—0.005	33

Tabelle 20. Abhängigkeit der Fehlermittel von der Zenitdistanz (Sonneberg; alle Stellen).

z	Mittl. syst. Abw.	Mittl. abs. Abw.	n
<30°	+0.239	0.277	6
30—40	+0.035	0.152	13
40—45	+0.203	0.211	7
45—50	—0.047	0.109	10
50—55	—0.006	0.095	8
55—60	+0.071	0.169	12
60—70	—0.111	0.213	30
>70	—0.021	0.260	15

Es bleibt noch zu untersuchen, ob die Reduktion auf das Zenit hinsichtlich Atmosphärenlicht und Extinktion im Mittel einwandfrei gelungen ist. Wenn dies der Fall ist, dürfen die Fehlermittel der einzelnen Bestimmungen keinen systematischen Gang mit der Zenitdistanz zeigen. Die Reihe der zweiten Forschungsfahrt wurde dabei aufgeteilt in 3 Gruppen nach der Helligkeit der Meßstellen; bei der Reihe aus Sonneberg war wegen der geringen Anzahl der häufiger beobachteten

Stellen eine solche Aufteilung nicht möglich. Es wurden nur Stellen mit mindestens 3 Beobachtungen berücksichtigt.

Es ist zu beachten, daß in Tab. 19 und 20 die Werte in Intensitäten, nicht in Größenklassen, gegeben sind. Die gegenseitige Beziehung ist etwa: 0.1 $I = 0^{\mathrm{m}}.09$ für schwache Stellen, 0.1 $I = 0^{\mathrm{m}}.02$ für helle Stellen. Für die Sonneberger Reihe, welche überwiegend schwächere Stellen umfaßt, ist 0.1 $I = 0^{\mathrm{m}}.058$ anzunehmen. Zumal wenn man diese Übertragungswerte berücksichtigt, ergibt sich aus Tab. 19 und 20 der Gesamteindruck, daß systematische Fehler in Abhängigkeit von der Zenitdistanz nicht nachweisbar sind. Wenn überhaupt eine Andeutung vorhanden ist, so in dem Sinne, daß zenitnahe Stellen etwas zu schwach gemessen worden sind.

Sehr deutlich ausgeprägt ist dagegen die Zunahme der absoluten Abweichungen, mit anderen Worten: die Streuung der Einzelwerte, bei den Beobachtungen von der Forschungsfahrt in Zenitdistanzen > 70°, und zwar scheint, wie die Betrachtung der Einzelwerte zeigt, die Zunahme bei 70° ziemlich unvermittelt einzusetzen. Daher wurden diese Messungen von der Verwertung ausgeschlossen; sie sind also auch in den Mittelwerten, gegen welche die Einzelwerte der tabulierten mittleren Abweichungen berechnet sind, nicht einbezogen. Jene Zunahme bei den größten Zenitdistanzen zeigt sich jedoch nicht oder sehr stark abgeschwächt bei den Beobachtungen aus Sonneberg, womit erneut die Überlegenheit der Bergstationen für die Zwecke derartiger Beobachtungen unter Beweis gestellt ist. Die für Sonneberg berechneten Werte scheinen zu ergeben, daß die größte Genauigkeit bei mittleren Zenitdistanzen erreicht wird. Bei großen Zenitdistanzen dürfte der Einfluß der Atmosphäre, bei kleinen Zenitdistanzen die unbequeme Stellung des Beobachters für die angedeutete Verminderung der Genauigkeit der Endwerte verantwortlich zu machen sein.

Tabelle 21.
Mittlere Abweichungen einzelner Tage.

Tag 1933	Mittlere Abweichung		n
	Int.	Gr.	
März 25	+0.086	$+0^{\mathrm{m}}.05$	8
26	+0.171	+0.09	3
28	+0.240	+0.13	34
30	—0.108	—0.06	29
31	+0.124	+0.07	8
April 4	+0.004	0.00	16
20	—0.162	—0.09	64
21	+0.161	+0.09	9
22	—0.050	—0.03	12
Mai 1	+0.202	+0.11	6
2	+0.207	+0.11	3
23	+0.392	+0.22	6
31	—0.069	—0.04	7

Eine noch zu untersuchende Frage ist, ob sich an den verschiedenen Beobachtungstagen systematische Abweichungen zeigen, wie sie vor allem durch Fehler in der Bestimmung der Lampenhelligkeit entstehen können. Die Mittelbildung über die Fehler der einzelnen Beobachtungstage ergab Tab. 21. Es sind nur Stellen berücksichtigt, die an mindestens fünf verschiedenen Tagen gemessen wurden. Für die Sonneberger Reihe war eine solche Untersuchung nicht möglich, weil zu wenige Stellen dieser Bedingung genügten.

Die systematischen Abweichungen überschreiten demnach nur in wenigen Fällen $0^{\mathrm{m}}.1$, und man darf sie daher bei den Messungen im Bereich der Milchstraße unbedenklich vernachlässigen. Eine andere Frage ist, ob man sie bei der Reduktion der Messungen des Zodiakallichts berücksichtigen soll, zumal sie bei den im Gebiet des Zodiakalbandes auftretenden geringen Restintensitäten doch eine Rolle spielen könnten. Nur wäre aufzuklären, inwieweit sie als reell anzusehen sind. Man vergleiche hierzu Tab. 11, welche ähnliche Werte für die Messungen des dunklen Himmelsgrundes gibt. Die Abweichungen sind dort, auch wenn man sie auf Größenklassen umrechnet, geringer als hier. Unter den sieben vergleichbaren Tagen dürften März 28, April 20, April 22, Mai 23 und Mai 31 eine gegenseitige Bestätigung ergeben.

8. Einige weitere Betrachtungen über die Genauigkeit der Beobachtungen

Es folgt hier eine Vergleichung der Sterngrößen derjenigen Stellen, die in mehreren Reihen vorkommen.

Tabelle 22. Vergleichung der Größenwerte verschiedener Reihen.

Stelle	1. F. F. 1930 red.	2. F. F. 1933	Sonneberg 1933—34	Windhuk 1937
ψ	4ᵐ38	4ᵐ47	—	—
φ	4.41	4.37	4ᵐ29	—
γ	4.45	4.41	4.29	—
V	4.81	4.24	—	—
Y	4.61	4.87	—	—
U	5.01	5.22	5.00	—
A	3.42	3.49	—	—
A′	3.75	3.52	—	—
C	4.38	4.29	—	—
D	4.74	4.87	—	—
D′	4.95	4.72	—	—
E	5.04	4.67	—	—
E′	5.15	5.55	—	—
F	3.85	3.81	—	—
G	4.10	4.06	—	—
G′	3.98	3.98	—	—
H	4.87	4.83	—	—
K	4.74	4.67	—	—
ζ	4.08	4.22	—	—
π	3.02	2.90	—	2ᵐ75
J	—	3.02	—	2.98
L	3.39	3.63	3.79	3.38
T′	—	4.04	—	3.42
a	—	4.73	(4.37)	—
b	—	5.36	5.63	—
c	—	4.18	4.03	—
p	—	4.11	4.12	—
q	—	4.35	4.37	—
r	—	5.06	5.06	—
α ½ γ Ori	—	4.89	4.77	—
KMW	—	4.07	—	4.06
G*	—	—	4.13	—
P*	—	4.38	4.56	—
Q*	—	4.45	4.61	—

Als unbefriedigend gemessen sind die Stellen V, E, E′ und a anzusehen. Auch bei L, der hellsten Stelle der Scutum-Wolke, sind noch unzulässig große Abweichungen aufzuklären, wenngleich der Mittelwert der vier Bestimmungen eine gute Näherung darstellen wird. Im Falle von a ist zu beachten, daß beide Messungen dieser bei $-29°$ gelegenen Stelle in Sonneberg bei Zenitdistanzen $> 80°$ ausgeführt sind. Im allgemeinen ist sonst die Übereinstimmung, wenn man die verschiedenen hinderlichen Umstände berücksichtigt, befriedigend. Diese Umstände sind folgende: 1. Bei einem ausgedehnten flächenhaften Objekt läßt sich nicht mit derselben Sicherheit gewährleisten, daß man immer an derselben Stelle mißt, wie bei einem Stern. — 2. Ein erheblicher Teil der Messungen ist auf fahrendem Schiff ausgeführt, wodurch die Sicherheit der Einstellung einer bestimmten Stelle trotz aller Vorsicht weiter vermindert wird. — 3. Das im Jahre 1930 benutzte Photometer war so konstruiert, daß die beleuchtete Vergleichsscheibe einen Teil des zu messenden Objekts verdeckte; auch dadurch können Inhomogenitäten zwischen dieser Reihe und den folgenden entstanden sein. — 4. In manchen Fällen stören Sterne, welche an der Grenze der Sichtbarkeit für das bloße Auge sind, die Messung erheblich. Ein Beispiel dafür ist die südliche Stelle A′ in Carina. Hier könnte es so sein, daß die Messung von 1930 die Sterne nicht einbezieht, diejenige mit dem extrafokal abbildenden Photometer von 1933 dagegen das Gesamtlicht gibt. Solche Fälle sind ziemlich häufig, und es ist zweifelhaft und bleibt der Willkür überlassen, hängt auch von der Sehschärfe des jeweiligen Beobachters ab, was man dann als repräsentative Flächenhelligkeit der Milchstraße an dieser Stelle ansehen will. — Alle diese Einwirkungen betreffen indessen nur einzelne Stellen und sind im Hinblick auf das eigentliche Ziel der Arbeit ohne Bedeutung.

9. Einige Bemerkungen über Dunkelwolken

Bereits in meiner Arbeit vom Jahre 1930 hatte ich darauf hingewiesen, daß das visuelle Bild der Milchstraße nicht allein durch die objektiven Flächenhelligkeiten, sondern auch durch Kontrasterscheinungen bestimmt wird. Die Dunkelwolke im Kreuz hat bei Pannekoek die Stufenzahl 0.0; eine einzige Stelle ist noch schwächer beobachtet, und zwar die Dunkelwolke bei ϑ Ophiuchi mit -0.2. Die Kreuzwolke ist bei Pannekoek um 1.6, die ϑ Oph-Wolke um 1.3 Stufen zu schwach geschätzt. Ähnliche und verwandte Erscheinungen finden sich auch an anderen Stellen.

Es folgt hier zunächst die wörtliche Wiedergabe einiger Bemerkungen, die während der Beobachtungen niedergeschrieben wurden, mit erklärenden Zusätzen:

1933 März 28. „Die Dunkelwolke im Kreuz erscheint mir deutlich von schwacher Helligkeit erfüllt, besonders im spitz zulaufenden südlichen Teil. Die dunkelste Stelle scheint mir am NW-Rand bei β Crucis zu liegen. Die Wolke ist nicht dunkler als die bei α Centauri beginnende große Spalte. Dagegen gibt es 2 Stellen, die offenbar viel dunkler sind. Die eine bei ϑ Ophiuchi ist Pannekoeks X, die andere liegt $2\overset{\circ}{.}5$ östlich von ϑ Lupi."

Die photometrischen Messungen bestätigen diesen Befund: Kreuzwolke $4\overset{m}{.}67$, Spalte östlich α Cen $4\overset{m}{.}60$ und $4\overset{m}{.}68$, Pann X $4\overset{m}{.}93$, Stelle bei ϑ Lupi $5\overset{m}{.}00$.

1933 Mai 1. „Eine merkwürdige Dunkelwolke steht auch westlich der Scutum-Wolke. Unmittelbar an die hellste Gegend schließt sich ohne Übergang ein schwachleuchtendes Gebiet, und dann folgt, ebenfalls ohne Übergang, die fast runde Dunkelwolke, an deren westlichem Rand η Ser steht. Im übrigen ist das Zwischengebiet beider Milchstraßenäste von schwacher wolkiger Helligkeit erfüllt, gegen welche sich die Dunkelwolke deutlich abhebt. Eine ähnliche, aber unregelmäßig gestaltete Dunkelwolke befindet sich dicht nördlich von β Sct. — PANNEKOEKS Stelle X, 2°5 südöstlich von ϑ Oph, besitzt einen scharf begrenzten dunklen Fortsatz nach Westen hin, dessen Ende etwa bei $X_{2/5}$ τ Sco liegt."

Die Stelle bei η Ser habe ich mit r bezeichnet und mit $5^m.06$ gemessen. Bei PANNEKOEK (Südl. Milchstraße) sind die Verhältnisse richtig dargestellt, in der „Nördlichen Milchstraße" dagegen fehlt die Wolke. Auch ich habe Mühe, sie hier im Norden deutlich zu sehen, wahrscheinlich weil wegen der größeren Zenitdistanz die ohnehin schwachen Kontraste zu weit vermindert sind. Auf Überwachungsplatten ist die Stelle gut erkennbar und durch das Fehlen der schwächsten Sterne charakterisiert, aber wegen der geringen Helligkeit des Umfeldes wenig auffällig. — Bezüglich

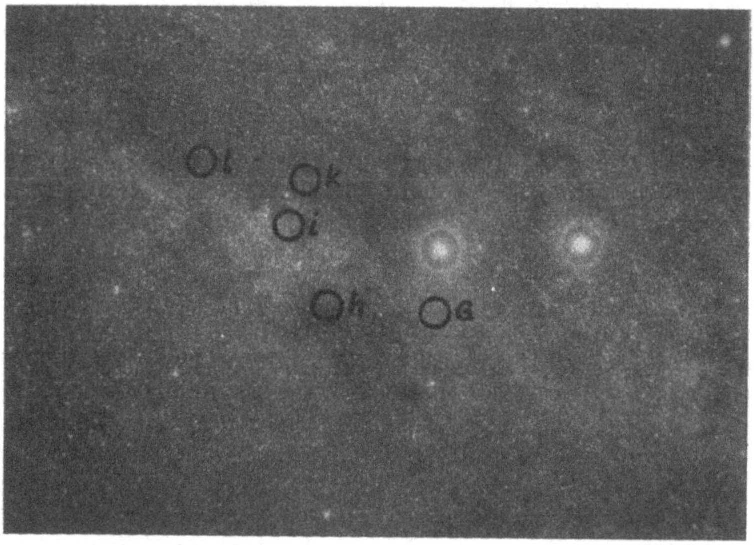

Abb. 10. Meßstellen bei α und β Centauri (Süden ist unten).

PANN X sei noch bemerkt: Auf Überwachungsplatten ist der westliche Fortsatz ebenfalls schärfer begrenzt als bei PANNEKOEK, wenn auch der nördliche Rand durch eine Kette hellerer Sterne besonders betont sein könnte. Sehr scharf ist vor allem der westliche Abschluß dieses Fortsatzes, welcher kurz vor seinem Ende eine merkliche Vertiefung zeigt.

PANN λ (259°1 − 34°6), durch die Stufenzahl 0.5 als Dunkelstelle gekennzeichnet, von mir mit $4^m.55$ gemessen, erscheint auch nach den Überwachungsplatten kaum schwächer als die Stelle ε ½ μ Sco ($4^m.43$). Möglicherweise ist bei dem visuellen Eindruck Kontrast gegen die nördlich davon gelegene hellere Stelle wirksam.

In der dunklen Spalte östlich α Cen habe ich die Meßstellen k und l, während i einem dicht südlich davon gelegenen helleren Vergleichsgebiet angehört (Abb. 10). An der Stelle i hat PANNEKOEK eine definierte kleine helle Wolke, die vielleicht durch Mitwirkung der Sterne β, γ, δ Cir etwas überbetont ist.

Von besonderem Interesse ist es, die durch direkte Messung erhaltenen Intensitäten heller und dunkler Stellen mit denjenigen Werten zu vergleichen, welche sich aus Sternzählungen ergeben. Leider liegen solche nur für wenige Gebiete vor. Die Angaben für die große Sagittarius-Wolke (PANN π) und die Scutum-Wolke (PANN J) habe ich der Arbeit von BOTTLINGER [1]) entnommen. Der Wert für die Dunkelwolke im Kreuz (PANN K) beruht auf den Zahlen von R. MÜLLER [2]). Die Umrechnung auf visuelle Größen geschah mittels des F. I. + $0^{m}.70$. Die Vergleichszahlen weiterer Stellen in Tab. 23 und zwar nur solcher im mehr gleichförmigen Randgebiet der Milchstraße, da in sehr kleinen galaktischen Breiten die Unterschiede zu groß sind, wurden zwischen die den Tafeln von VAN RHIJN entnommenen Nachbarwerte eingeschaltet. Die photometrischen Vergleichswerte sind aus Tab. 22 durch Mittelbildung gewonnen, wobei die Zahlen von der zweiten Forschungsfahrt doppeltes Gewicht erhielten.

Tabelle 23. Vergleichung photometrischer Größen mit aus Sternzählungen erhaltenen

Stelle	Gal. Br.	Beob.	R I	R II	B–R I	B–R II
π	—	$2^{m}.86$	$2^{m}.90$	—	$-0^{m}.04$	—
L . .	—	3.56	3.65	—	−0.09	—
K	—	4.69	4.61	—	+0.08	—
U .	−18°	5.11	4.66	$5^{m}.03$	+0.45	$+0^{m}.08$
H	−14	4.84	4.56	4.80	+0.28	+0.04
a	−10	4.61	3.96	4.58	+0.65	+0.03
b . .	−24	5.45	5.04	5.26	+0.41	+0.19
α ½ γ Ori . .	−15	4.85	5.19	4.85	−0.34	0.00

Das Ergebnis der Vergleichung ist: gute Übereinstimmung in den Fällen, in welchen Sternzählungen am Ort der Messung selbst vorliegen; weniger gute Übereinstimmung mit einseitiger Abweichung in den übrigen Fällen. Für die letzteren sind unter RII und B–RII diejenigen Werte hinzugefügt, welche sich ergeben, wenn man die der galaktischen Breite entsprechende mittlere Sternzahl zugrundelegt, angenommen nach der Tabelle von BOTTLINGER (a. a. O. S. 373). Merkwürdigerweise ist die Übereinstimmung dann viel besser, ohne daß dafür ein Grund einzusehen wäre. Wenn man auch geneigt sein kann, die Abweichungen B–RI als zufällig anzusehen und aus der Unsicherheit der Messungen sowie den örtlichen Unterschieden der Sternzahlen zu erklären, so erscheint doch die Tendenz unverkennbar, daß die angeführten Stellen zu schwach gemessen sind. Sicher scheint dies bei a der Fall zu sein, wo ich den VAN RHIJNschen Wert durch eigene Zählungen auf der Johannesburger Karte, einer in Windhuk aufgenommenen Überwachungsplatte sowie unter Benutzung der CPD bestätigen konnte. Daß das Verhalten der Punkte nicht einheitlich ist und deshalb aus den wenigen Werten keine allgemeinen Schlüsse gezogen werden dürfen, zeigt die Stelle α ½ γ Ori. Man darf nicht übersehen, daß die photometrischen Werte dieser schwachen Stellen aus den eigentlichen Meßwerten durch einen ziemlich umständlichen Rechenvorgang entstehen und daß besonders die Berichtigung für Atmosphärenlicht von derselben Größenordnung ist, wie der Endwert.

Dadurch gestaltet sich die Fehlerübertragung bei schwachen Stellen viel weniger günstig als bei hellen. Ich lasse es deshalb dahingestellt, ob die systematische

[1]) Ztschr. f. Astrophysik 4. 370 (1932).

[2]) Ztschr. f. Astrophysik 8. 66 (1934).

Abweichung, welche im Mittel aus den 5 Werten + $0^{m}.29$ beträgt, irgendeine allgemeine Bedeutung besitzt. Möglicherweise liegt die Ursache darin, daß das Atmosphärenlicht etwas zu hell gefunden wurde. Aus den allerdings weniger sicheren Messungen der ersten Forschungsfahrt ergibt sich dafür, auf die Einheit des Sterns 5^{m} umgerechnet, 0.54, in mäßiger Übereinstimmung mit dem Sonneberger Wert 0.62. Da aber der für die zweite Forschungsfahrt angenommene höhere Wert (0.86) aus den Beobachtungen selbst abgeleitet ist, muß er beibehalten werden. Dies kann auch unbedenklich geschehen, denn der Fehler, welcher dadurch entsteht, daß eine der Korrektionen um einige Zehntel der Einheit falsch angenommen wird, ist an sich unbedeutend und wirkt sich nur bei den von Natur aus schwierigen und unsicheren Messungen der schwächsten Stellen ungünstig aus.

Die gute Übereinstimmung bei dem Punkt K ist insofern bemerkenswert, als sie zeigt, daß die Helligkeit innerhalb der Kreuzwolke allein vom Sternlicht herrührt, daß man also keinen Anlaß hat, die Mitwirkung nebelartiger Materie anzunehmen. — Ein Versuch, diese Verhältnisse auch an der Sternleere bei ϑ Ophiuchi (Pann X) auf Grund der Sternzählungen von R. Müller [1]) nachzuprüfen, schlug fehl, weil bei der starken Abstufung der Dunkelwolke und dem Vorhandensein eines Sterns $6^{m}.5$ im dunkelsten Teil der Wolke nicht genau angegeben werden kann, was photometrisch erfaßt worden ist. Für das ganze von Müller bearbeitete Gebiet der Wolke ergibt sich aus den Zählungen $4^{m}.43$ mit, und $4^{m}.79$ ohne den hellsten Stern, für den dunkelsten Teil $5^{m}.70$ mit und $8^{m}.33$ ohne den Stern. Mein Meßwert $4^{m}.93$ entspricht etwa dem Mittel der ersten und dritten Zahl, wobei es auch nach der Lage der Meßstelle wahrscheinlich ist, daß der Stern $6^{m}.5$ mit eingeschlossen ist. Ein Widerspruch zwischen der Messung und dem Ergebnis der Sternzählungen ist jedenfalls auch hier nicht nachweisbar.

Anhang I. Messungen an Gegenden mit dunklem Grund zur Bestimmung des Anteils des Atmosphärenlichtes

Erklärung: In der Kopfzeile ist jeweils angegeben die Bezeichnung der Stelle, α und δ (Aequin. des Jahresanfangs), galaktische Länge und Breite, Anteil des Sternlichtes nach den Tafeln von van Rhijn (Gron. Publ. 43). — In den Übersichten selbst folgt hinter dem Datum der Messung die Zenitdistanz, der tatsächlich gemessene Wert, der von Extinktion und Sternlicht befreite Wert und der auf das Zenit reduzierte Wert, alle Meßwerte in Einheiten des Sternes $5^{m}.00$ je Quadratgrad. Innerhalb der Gruppen sind die Beobachtungen nach zunehmender Zenitdistanz geordnet.

A. Messungen auf der zweiten Forschungsfahrt

α—β UMa	165°.0	+59°.7	112°+50°	0.426
33 Mrz. 28	68°.2	1.927	2.349	0.872
Mai 31	69.9	1.986	2.573	0.884
β—γ UMi	227°.0	+73°.5	78°+39°	0.509
33 Mai 31	48°.0	1.637	1.292	0.864
Nordpol	—	+90°	90°+26°	0.619
33 Mai 31	59°.8	1.691	1.461	0.735
31	59.8	1.890	1.706	0.858

Südpol	—	—90°	270°—26°	0.784
33 April 20	55°.0	1.768	1.285	0.737
20	55.2	1.832	1.359	0.776
20	55,3	2.052	1.617	0.921
21	56.4	1.511	1.014	0.561
21	57.1	2.356	2.020	1.097
22	61.4	1.902	1.613	0.772
22	62.1	2.165	1.987	0.930
Mai 4	72.4	1.840	2.215	0.670

[1]) Ztschr. f. Astrophysik 4. 370 (1932).

Bei γ Hyi	50°.0—74°.4	258°—38°		0.592
33 April 20	56°.8	2.102	1.909	1.045
20	58.7	2.223	2.120	1.101
20	59.1	2.235	2.135	1.096
21	66.7	1.558	1.574	0.623
20	67.3	2.157	2.449	0.945
20	69.1	2.076	2.480	0.885
20	71.8	1.821	2.322	0.725

Crv Mitte	184°.9—19°.9	259°+44°		0.572
33 Mrz. 30	24°.3	1.388	0.844	0.769
Apr. 20	26.7	1.389	0.845	0.755
Mrz. 30	27.6	1.477	0.935	0.829
Apr. 4	33.3	1.614	1.107	0.925
20	44.2	1.649	1.209	0.867
21	54.8	2.342	2.168	1.250

CrB Mitte	235°.0+29°.0	15°+53°		0.463
33 Mai 23	27°.9	1.347	0.911	0.805
31	28.7	1.528	1.111	0.974
Apr. 22	60.5	1.740	1.712	0.843
22	62.1	1.878	1.941	0.908

GrMag.Wolke a	89°.0—65°.9	243°—30°		0.722
33 Apr. 20	48°.8	1.890	1.376	0.906

a—8 CVn	190°.5+40°.5	101°+75°		0.342
33 Mrz. 28	43°.7	1.167	0.918	0.664
30	58.3	1.400	1.352	0.710

a Eri ½ a Hyi	26°.5—59°.6	260°—54°		0.475
33 Apr. 22	71°.0	2.363	3.211	1.046
21	83.9	1.823	6.580	0.699

a ½ β Gru	335°.2—47°.2	314°—52°		0.566
33 Apr. 21	64°.8	2.796	3.167	1.349
21	66.7	2.802	3.329	1.317

a Pav ½ β Ind	308°.3—57°.8	306°—34°		0.775
33 Mai 2	52°.2	1.645	1.100	0.674

β ½ γ Dra	266°.0+52°.2	48°+40°		0.594
33 Mai 23	23°.2	1.503	0.932	0.857

a ½ ε Boo	217°.0+23°.8	5°+59°		0.417
33 Mai 23	24°.2	1.105	0.710	0.648
31	46.0	1.750	1.491	1.036

—	15°—77°	270°—39°		0.601
33 Apr. 22	62°.5	1.975	1.927	0.890

—	37°.5—67°.3	257°—45°		0.519
33 Apr. 21	75°.0	1.675	2.529	0.680

—	45°.0—71°.5	258°—40°		0.565
33 Apr. 21	70°.1	1.665	1.966	0.669

—	100°.0—77°.6	257°—26°		0.787
33 Apr. 21	55°.1	1.523	0.995	0.569

—	2°.5—63°.0	278°—51°		0.542
33 Apr. 21	83°.4	1.792	5.873	0.675

—	7°.0—80°.0	272°—35°		0.673
33 Apr. 21	66°.3	1.718	1.689	0.679

B. Messungen auf der Sternwarte zu Sonneberg

a—β UMa	165°.0+59°.7	112°+50°		0.426
34 Febr 13	25°.1	1.207	0.805	0.729
Mai 15	37.7	1.408	1.052	0.832
Febr. 14	40.0	1.481	1.144	0.876
13	41.5	1.387	1.058	0.792
33 Sept. 26	67.4	1.719	1.903	0.731

Nordpol	— +90°	90°+26°		0.619
33 Sept. 26	39°.6	1.406	0.871	0.671
26	39.6	1.315	0.775	0.597
26	39.6	1.399	0.864	0.666
34 Feb. 13	39.6	1.437	0.904	0.696
13	39.6	1.356	0.818	0.630
13	39.6	1.341	0.802	0.618
13	39.6	1.310	0.770	0.593
14	39.6	1.417	0.883	0.680
14	39°.6	1.244	0.700	0.539
14	39.6	1.253	0.709	0.546
Mrz. 14	39.6	1.156	0.606	0.467
14	39.6	1.208	0.661	0.509
16	39.6	1.387	0.851	0.656
16	39.6	1.339	0.800	0.616
19	39.6	1.261	0.718	0.553
Apr. 3	39.6	1.430	0.897	0.691
4	39.6	1.231	0.686	0.528
4	39.6	1.324	0.784	0.604
6	39.6	1.287	0.745	0.574
8	39.6	1.231	0.686	0.528
Sept. 7	39.6	1.458	0.926	0.713
7	39.6	1.312	0.772	0.595
8	39.6	1.272	0.729	0.562
11	39.6	1.501	0.972	0.749

β ½ γ Dra	266°.0+52°.2		48°+40°	0.594
34 Mai 15	20°.7	1.329	0.748	0.700
April 8	22.0	1.120	0.537	0.498
Sept. 7	33.4	1.292	0.750	0.626
Mrz. 19	44.5	1.400	0.918	0.655
19	46.0	1.503	1.044	0.725
Sept. 11	49.2	1.412	0.966	0.631
April 4	53.5	1.244	0.818	0.487
4	56.5	1.244	0.861	0.475
6	61.3	1.277	0.970	0.466
Mrz. 16	63.1	1.597	1.418	0.642
April 3	64.4	1.477	1.297	0.560
Feb. 13	67.2	1.746	1.763	0.683
13	69.4	1.487	1.510	0.531
14	70.0	1.611	1.718	0.588
15	71.0	1.534	1.661	0.541
14	72.5	1.632	1.911	0.575
14	77.5	1.920	3.044	0.659

ι ½ ϑ Dra	236°+59°		61°+46°	0.462
34 Mrz. 16	45°.3	1.513	1.187	0.835

Crv Mitte	184°.7—19°.1		259°+44°	0.572
34 April 4	70°.3	1.568	1.686	0.568

CrB Mitte	235°.0+29°.0		15°+53°	0.463
34 April 4	50°.4	1.227	0.899	0.573
4	55.2	1.434	1.186	0.677
6	56.0	1.328	1.077	0.602
4	58.2	1.409	1.207	0.636
Mrz. 16	63.2	1.439	1.350	0.609
Sept. 7	64.7	1.295	1.208	0.516
Feb. 14	74.7	1.653	2.273	0.600

Anhang II A

Beobachtungen auf der Zweiten Forschungsfahrt 1933; Einzelwerte

Über den Gruppen steht die Bezeichnung der Meßstellen. Hinter dem Datum folgt die Zenitdistanz, sodann der auf konstante Einheit umgerechnete reine Meßwert, welcher die wirklich am Himmel beobachtete Intensität darstellt, sodann der auf das Zenit reduzierte Endwert, beide in Einheiten des Sterns $5^m.00$ je Quadratgrad.

ψ			
März 25	45°.6	2.668	1.700
30	35.4	2.483	1.549

φ			
März 25	31°.5	2.632	1.727
28	46.0	2.062	1.033
April 20	47.5	3.490	2.585

γ			
März 25	36°.1	2.431	1.502
28	37.2	2.592	1.659
April 20	39.1	2.905	1.986
20	73.8	2.769	1.901

V			
April 20	51°.0	2.985	2.008

Y			
März 30	41°.6	2.116	1.132

U			
März 23	48°.4	1.648	0.543
25	43.1	1.871	0.861
25	52.5	1.939	0.795
März 26	37°.7	1.767	0.787
28	46.6	1.635	0.557
April 20	49.8	2.408	1.371

A			
März 28	62°.3	3.425	2.486
28	60.1	4.109	3.324
28	61.0	4.750	4.158
30	49.8	4.830	4.084
30	57.3	4.937	4.295
31	43.9	4.565	3.759
April 4	39.6	5.330	4.552
20	31.4	4.758	3.918
20	32.0	4.907	4.065
20	48.8	5.205	4.486
20	59.4	5.168	4.604
21	27.5	5.203	4.372
22	34.9	4.662	3.820
Mai 1	52.6	5.160	4.464

A′			
März 28	66°.3	4.775	4.396
28	63.8	3.992	3.238
30	53.8	4.565	3.821
30	50.8	4.802	4.048
30	69.3	4.567	4.361
März 31	45°.0	3.786	2.916
April 4	35.3	5.126	4.298
20	37.0	4.940	4.126

B			
33 Mai 1	57°.9	3.081	2.050

C			
März 25	66°.9	2.623	1.436
28	51.1	2.665	1.644
30	42.0	2.752	1.808
April 4	49.7	2.962	1.985
20	37.4	3.626	2.743

D			
33 Mrz 25	60°.2	2.240	1.004
28	45.0	1.966	0.942
28	44.9	2.190	1.186
30	36.0	1.923	0.965
April 4	52.5	1.994	0.857
20	39.3	2.360	1.407
20	46.2	2.390	1.388

D′			
33 Mrz 25	70°.4	2.373	1.114
25	70.1	2.133	0.745

	°		
33 Mrz 28	55.8	2.167	0.999
28	57.4	2.739	1.655
28	60.9	2.144	0.870
30	48.2	2.302	1.264
31	50.5	2.113	0.913
April 4	55.8	2.473	1.361
20	22.9	2.267	1.385
20	44.4	2.319	1.327
20	66.1	2.870	1.913

E

	°		
33 Mrz 25	63.0	2.442	1.220
28	47.4	2.170	1.135
30	40.1	2.451	1.495
April 4	54.3	2.251	1.123
20	41.5	2.719	1.778

E′

	°		
33 Mrz 28	46.2	1.667	0.600

F

	°		
33 Mrz 28	72.3	2.960	2.109
30	59.0	3.801	2.929
April 4	30.5	4.484	3.645
20	45.3	3.544	2.648
20	35.6	3.647	2.770

G

	°		
33 Mrz 28	64.7	3.342	2.403
30	65.2	3.273	2.312
April 4	29.4	3.155	2.277
20	53.5	3.849	2.972
20	44.1	2.924	1.985
22	38.8	3.184	2.275

G′

	°		
33 Mrz 28	70.1	2.641	1.515
28	56.4	3.061	2.045
30	55.9	3.490	2.557
April 4	26.3	3.244	2.381
20	45.1	4.105	3.260

H

	°		
33 Mrz 28	67.1	2.281	0.962
28	62.0	1.947	0.602
30	46.2	2.448	1.451
30	42.9	2.025	1.024
April 4	24.7	2.172	1.293
20	43.6	2.195	1.204
20	35.5	2.173	1.231
Mai 1	36.5	2.552	1.624

K

	°		
33 Mrz 28	71.2	2.145	0.771
28	68.9	2.331	1.030
28	68.2	2.458	1.217
28	59.8	2.268	1.043
28	60.0	2.195	0.955
28	63.3	1.902	0.514
30	59.8	2.202	0.962
30	54.9	2.151	0.998
30	52.8	2.404	1.324
30	51.1	2.567	1.420
31	47.5	2.740	1.760
April 4	31.6	2.202	1.283
20	42.6	2.764	1.814
20	38.7	2.785	1.855
20	37.1	2.734	1.809
20	32.0	1.914	0.983
20	28.0	2.301	1.409
20	27.3	2.518	1.635
20	44.7	2.649	1.679
20	47.2	3.058	2.115
21	30.0	2.131	1.227
21	43.1	2.366	1.395
22	33.3	2.302	1.382
22	37.4	2.366	1.420
22	58.5	2.736	1.632
Mai 1	62.1	2.252	0.988

N

	°		
33 Mrz 28	59.5	5.044	4.466
30	72.5	3.738	3.403
30	45.6	4.745	3.964
31	38.1	5.612	4.821
April 4	29.3	4.466	3.621
20	68.5	4.820	4.643
20	66.6	5.301	5.148
20	63.2	4.590	4.011
20	60.8	4.421	3.720
20	59.2	3.857	2.991
20	57.0	4.076	3.244
20	55.2	3.914	3.053
20	48.7	4.620	3.838
20	39.3	4.660	3.845
20	35.1	5.240	4.419
20	19.6	4.599	3.736
21	46.6	4.757	3.960
22	48.8	4.555	3.764
22	32.1	4.616	3.765
Mai 2	55.6	4.916	4.231

ζ

	°		
33 Mrz 28	60.7	3.053	2.012
30	65.0	3.049	2.010

	°		
April 20	57.1	3.460	2.507
Mai 1	37.1	2.632	1.702

π

	°		
33 Mrz 28	71.0	5.593	6.148
28	66.2	6.789	7.142
28	65.0	6.261	6.314
28	54.5	7.008	6.635
30	61.6	7.722	7.946
30	52.2	6.727	6.261
April 4	45.6	6.989	6.410
20	75.0	6.912	9.550
20	69.6	6.166	6.798
20	63.3	7.204	7.405
20	59.7	7.601	7.605
20	55.8	8.368	8.317
20	34.2	6.730	5.978
20	14.1	7.030	6.201
21	70.7	6.648	7.750
21	24.1	6.785	6.000
22	49.1	8.061	7.649
Mai 23	57.5	7.036	6.808
31	58.6	7.568	7.537

J

	°		
33 Mrz 28	72.9	3.983	3.859
28	71.4	4.646	4.726
28	56.3	5.705	5.159
30	63.9	7.057	7.277
30	54.2	6.117	5.610
April 4	48.2	6.806	6.218
20	72.0	6.243	7.379
20	60.2	7.510	7.539
20	58.0	7.174	6.988
20	36.3	6.848	6.137
21	25.4	6.358	5.561
22	51.3	6.802	6.313
Mai 23	57.3	5.353	4.774
31	58.3	6.790	6.542

L

	°		
März 30	73.0	3.913	3.765
30	61.2	4.117	3.354
31	54.3	5.191	4.533
April 20	53.3	4.524	3.754
21	44.4	4.218	3.378
22	25.1	4.522	3.689
Mai 1	35.9	3.569	2.686
23	51.8	4.152	3.321
31	38.6	4.265	3.417

R

33 Mrz 28	73°.9	3.264	2.771
30	54.4	4.986	4.292
April 4	40.2	3.798	2.921
20	66.4	3.744	2.986
20	62.5	4.327	3.634
20	56.1	3.753	2.862
Mai 1	26.4	3.067	2.200
2	24.8	3.094	2.233
23	63.4	3.246	2.265
31	64.8	3.349	2.420

S

33 Mrz 28	63°.6	3.608	2.742
28	57.7	3.557	2.627
30	42.2	3.532	2.641
April 20	72.7	3.093	2.365
20	44.7	3.369	2.457
22	34.2	3.439	2.555
Mai 2	24.5	3.184	2.326
23	62.5	3.457	2.520
31	64.5	3.647	2.806

T

33 Apr. 4	36°.1	3.649	2.780
20	77.1	3.052	2.808
20	74.8	3.548	3.399
20	73.2	3.342	2.826
20	68.5	3.264	2.387
20	62.3	3.523	2.611
20	50.0	3.236	2.294
20	45.4	3.709	2.839
22	56.5	3.472	2.529
Mai 23	72.1	3.229	2.534

T′

33 Mai 23	45°.7	3.163	2.239
23	46.1	3.202	2.274
31	48.1	3.661	2.761

W

33 Mrz 28	60°.1	2.569	1.415
30	40.4	2.958	2.029
April 20	70.0	2.828	1.800
20	67.2	2.526	1.302
20	58.7	3.003	1.964
20	45.9	2.933	1.985
Mai 31	64.2	2.947	1.870

W′

33 Mrz 28	54°.0	2.129	0.989
30	35.1	2.349	1.412
April 20	70.6	2.550	1.391

April 20	66°.8	2.160	0.795
20	61.1	2.142	0.868
20	53.8	2.380	1.281
21	48.5	2.231	1.190
22	49.4	2.104	1.030

• λ

33 Mrz 30	46°.9	2.803	1.841
April 4	34.8	2.667	1.746
20	76.8	2.601	1.864
20	48.1	2.617	1.613
20	22.7	2.296	1.408
21	57.3	2.530	1.406
Mai 1	22.4	2.169	1.281
31	65.5	2.528	1.310

X

33 Mrz 28	62°.6	2.389	1.155
28	46.4	2.030	0.991
30	50.5	2.189	1.110
April 4	38.1	2.123	1.157
20	70.7	2.117	0.725
20	65.0	2.550	1.341
20	57.7	1.997	0.755
20	50.5	1.957	0.850
20	27.7	1.905	1.007
Mai 23	55.5	2.268	1.122
31	57.5	2.304	1.129

a

33 Mrz 25	46°.2	2.079	1.050
25	48.5	2.359	1.333
25	50.6	2.508	1.472
26	37.6	1.736	0.756
26	39.2	2.283	1.326
28	42.6	2.173	1.181
28	49.5	2.260	1.206
30	43.1	2.460	1.497
31	60.4	2.310	1.077
April 20	31.7	2.630	1.723
20	44.0	2.317	1.331
20	68.0	2.604	1.421
20	73.7	2.947	2.203
20	77.2	2.887	2.489

b

33 Mrz 25	50°.8	1.850	0.727
26	36.6	1.687	0.715
26	40.3	1.911	0.920
28	57.1	1.770	0.498
30	73.8	2.026	0.619

c

33 Mrz 28	33°.1	3.018	2.129
30	47.3	3.162	2.229
April 20	34.7	2.752	1.836
20	59.3	2.909	1.839
20	65.3	3.340	2.408
20	69.1	3.242	2.382

d

33 Mrz 28	42°.7	1.735	0.712
28	43.9	2.128	1.128
30	36.6	2.183	1.235
April 20	44.5	2.165	1.159

e

33 Mrz 28	45°.5	2.030	1.007
28	46.2	2.559	1.572
28	46.5	1.920	0.869
30	37.8	1.714	0.731
April 4	54.0	2.030	0.875

f

33 Mrz 28	66°.6	3.175	2.204
28	58.5	3.602	2.679
30	56.4	3.168	1.888
April 4	31.7	3.924	3.056
20	39.9	3.763	2.887

g

33 Mrz 28	64°.8	2.308	1.020
30	52.3	2.663	1.626
31	45.4	2.859	1.913
April 4	38.5	2.448	1.501
20	33.5	3.052	2.160
20	31.7	2.432	1.519

h

33 Mrz 30	51°.3	2.344	1.276
April 4	29.0	2.572	1.683
20	56.8	2.748	1.670
20	49.6	2.335	1.288

i

33 Mrz 30	48°.8	3.360	2.438
April 4	26.9	3.195	2.328
20	58.0	3.341	2.369
20	50.2	3.352	2.419

k

33 Mrz 30	46°.8	2.274	1.255
April 4	25.0	2.349	1.473
20	57.7	2.531	1.396
20	49.5	2.286	1.235

l

	°		
33 April 21	39.7	2.505	1.556
22	40.4	2.300	1.331

m

	°		
33 April 21	43.2	1.766	0.746
22	49.5	1.874	0.776

n

	°		
33 April 21	45.5	2.053	1.032
22	51.1	2.193	1.111

o

	°		
33 April 21	23.2	5.778	4.949
21	18.5	4.848	3.987
Mai 1	30.9	3.832	2.969
2	26.3	4.167	3.322
31	65.3	4.374	3.804

p

	°		
33 Mai 23	40.1	3.197	2.285
31	39.4	3.179	2.274

q

	°		
33 Mai 31	35.6	2.735	1.817

r

	°		
33 Mai 31	33.5	1.881	0.942

y

	°		
33 Mrz 25	53.3	2.326	1.226

α ½ γ Ori

	°		
33 Mrz 25	50.7	2.235	1.162
26	37.3	2.000	1.036
28	53.5	2.240	1.121
April 20	70.9	3.060	2.184

ε ½ μ Sco

	°		
33 Mai 2	28.8	2.723	1.840
31	68.3	2.677	1.529

p*

	°		
33 Mai 23	38.4	2.022	1.048
23	21.0	3.063	2.185
31	15.2	2.954	2.085

Q*

	°		
33 Mai 23	51.0	2.672	1.654

Lupus (Dunkelwolke)

	°		
33 Mrz 30	35.1	1.972	1.020
April 20	46.1	2.049	1.017
20	38.2	1.794	0.811
Mai 2	30.8	2.083	1.159

Anhang II B

Beobachtungen auf der Sternwarte zu Sonneberg; Einzelwerte

A

	°		
33 Sep. 26	47.7	3.667	3.020
34 April 6	51.4	3.447	2.852

B

	°		
33 Sep. 26	31.8	3.484	2.792
34 Feb. 13	74.0	2.964	2.581
14	64.0	3.818	3.531
14	72.8	2.899	2.441
April 6	57.9	2.730	2.114

C

	°		
33 Sep. 26	28.9	3.293	2.612
34 Feb. 14	61.3	3.657	3.285

D

	°		
34 Feb. 13	70.1	2.718	2.145

G

	°		
34 Feb. 13	42.0	2.755	2.014
April 3	52.2	3.094	2.455

L

	°		
34 Mai 15	70.9	3.223	2.889
Sep. 7	63.5	3.484	3.097
7	65.2	3.502	3.162
7	67.4	3.236	2.836
8	63.4	3.584	3.227

M

	°		
34 April 8	61.5	3.236	2.775
Sep. 7	41.2	2.837	2.109
8	41.3	2.692	1.953
11	51.5	3.136	2.502
11	55.4	3.179	2.610
11	63.7	3.148	2.689

N

	°		
34 Sep. 7	33.0	2.842	2.139
11	42.8	2.908	2.181

P

	°		
34 Sep. 7	40.0	2.227	1.454
8	40.3	2.076	1.291
11	55.2	2.451	1.773

Q

	°		
34 Sep. 7	33.4	1.950	1.207
11	47.5	2.416	1.657

S

	°		
34 Feb. 13	49.2	2.053	1.269
April 3	54.8	2.177	1.459
6	56.0	1.909	1.158

T

	°		
34 Feb. 13	60.9	2.246	1.560
Mrz. 14	58.5	2.416	1.768

U* (südlich)

	°		
34 Feb. 13	69.5	2.041	1.184
13	75.3	2.037	1.086
13	79.5	1.883	0.848
Mrz. 14	74.9	1.916	0.883

V

	°		
34 Feb. 13	63.0	2.618	2.014
April 3	67.3	3.321	2.955
4	69.0	2.573	1.940

X

	°		
34 Feb. 13	56.5	2.700	2.081
Mrz. 14	54.2	2.764	2.118

Z

	°		
33 Sep. 26	28.9	1.857	1.140
34 Feb. 13	67.9	2.018	1.189
April 6	70.0	1.750	0.758

a

	°		
34 Feb. 13	80.4	2.218	1.856
13	83.4	1.966	1.711

b

	°		
33 Sep. 26	74.5	1.754	0.620
34 Feb. 13	75.5	1.697	0.501

Stern	Datum	h		
c	34 Feb. 13	80°.6	2.614	2.911
	13	78.4	2.784	2.610
	14	77.8	2.415	1.836
γ	34 Feb. 13	66°.5	2.590	1.972
	13	66.3	2.594	1.971
	13	71.0	2.486	1.811
	14	68.0	2.570	1.940
φ	34 Feb. 13	55°.3	2.830	1.921
	13	59.6	3.003	2.058
	14	58.3	2.716	1.789
p	34 Sep. 7	64°.6	2.802	2.246
q	34 Sep. 7	60°.9	2.425	1.779
r	34 Sep. 7	64°.0	1.732	0.881
	8	61.3	1.808	1.020
α ½γ Ori	33 Sep. 26	64°.2	2.374	1.704
	34 Feb. 13	43.6	1.821	1.012
	13	60.8	1.902	1.143
	14	54.5	1.976	1.224
	März 14	54.3	1.875	1.104
19	34 Sep. 7	45°.8	2.017	1.226
	8	45.8	1.849	1.043
	11	54.5	2.073	1.335
20	34 Sep. 7	37°.6	2.700	1.962
	8	37.6	2.607	1.865
	11	48.1	2.966	2.266
21	34 Sep. 7	35°.6	2.103	1.350
	11	49.3	2.262	1.499
23	34 Sep. 7	28°.7	1.813	1.123
	11	43.3	1.965	0.953
24	34 Sep. 7	34°.6	1.788	1.026
	8	32.7	1.753	1.005
	11	47.8	2.180	1.405
25	34 Sep. 7	34°.1	1.693	0.933
26	34 Sep. 7	33°.5	1.814	1.065
	8	31.5	2.179	1.451
	11	46.6	2.390	1.631
27	34 Sep. 7	35°.4	2.133	1.377
	8	34.1	2.165	1.424
29	34 Sep. 7	28°.0	2.332	1.626
	11	49.6	2.447	1.709
30	34 Sep. 7	27°.3	3.168	2.485
	11	38.6	3.442	2.744
	11	46.7	3.305	2.628
31	34 Sep. 7	26°.0	3.037	2.361
	11	37.6	3.974	3.300
	11	45.7	3.511	2.829
32	34 Sep. 11	51°.1	2.008	1.234
33	34 Sep. 7	28°.1	1.636	0.915
34	34 Sep. 7	23°.9	1.827	1.142
	11	40.0	2.130	1.352
35	34 Sep. 11	40°.6	2.107	1.309
36	34 Mai 15	46°.9	2.584	1.841
	Sep. 11	41.9	3.399	2.704
37	34 Mai 15	39°.6	2.046	1.267
	Sep. 11	44.0	2.227	1.448
39	34 Mai 15	57°.4	2.411	1.753
	Sep. 11	36.2	2.441	1.705
40	34 Mai 15	50°.0	2.980	2.309
	Sep. 11	37.2	2.781	2.052
41	34 Mai 15	52°.6	2.290	1.567
	Sep. 11	34.5	2.130	1.383
42	34 Sep. 11	32°.5	2.307	1.580
43	34 Mai 15	38°.5	2.016	1.241
44	34 Mai 15	45°.1	2.241	1.466
45	34 April 8	46°.0	2.231	1.458
	Mai 15	49.4	2.369	1.617
47	34 April 8	41°.9	2.604	1.853
	Mai 15	44.4	2.325	1.522
49	34 April 8	42°.6	2.133	1.344
	Mai 15	44.5	2.161	1.375
50	34 April 8	47°.9	1.848	1.041
51	34 April 8	57°.9	2.461	1.815
52	34 April 8	56°.6	2.920	2.347
53	34 April 8	49°.2	2.027	1.205
54	34 April 8	60°.4	2.406	1.752
55	34 April 8	52°.7	2.278	1.553

56			
34 April 8	59°.9	2.359	1.699

57			
34 April 6	67°.2	1.604	0.643
8	45.5	1.993	1.189

59			
34 April 6	66°.2	2.252	1.523

62			
34 April 6	60°.2	1.799	1.022

63			
34 April 6	66°.1	1.939	1.114

64			
34 April 6	71°.4	1.647	0.561

65			
34 April 6	68°.7	2.160	1.366

67			
34 April 6	58°.3	1.822	1.056

70			
34 Feb. 14	61°.2	2.479	1.837
Mrz. 14	61.4	2.443	1.803
April 3	69.3	2.410	1.704
4	71.8	2.224	1.412

71			
34 April 6	52°.8	1.667	0.862

72			
34 Feb. 14	60°.2	2.292	1.619

76			
34 Feb. 14	51°.5	2.735	2.053

77			
34 Feb. 14	45°.7	2.215	1.429

78			
34 Feb. 14	53°.8	2.131	1.397
Mrz 14	53.1	2.278	1.553

79			
34 Feb. 14	39°.9	1.748	0.948

80			
34 Feb. 14	36°.6	1.676	0.898

81			
34 Feb. 14	52°.7	2.656	1.981
Mrz 14	51.3	2.108	1.352

82			
34 Feb. 14	44°.1	1.882	1.076

83			
34 Feb. 14	39°.7	1.877	1.087

84			
34 Feb. 14	47°.5	2.581	1.837

85			
34 Feb. 14	36°.9	1.850	1.077

90			
34 Feb. 14	39°.4	1.858	1.070

91			
34 Feb. 14	42°.6	2.084	1.291

92			
34 Feb. 14	43°.8	2.192	1.412

95			
34 Feb. 14	32°.0	1.990	1.251
April 4	53.6	2.057	1.308
6	50.3	2.096	1.328

96			
34 Feb. 14	36°.9	3.022	2.308
April 4	59.4	2.523	1.898

97			
34 Feb. 14	39°.2	2.764	2.037

98			
34 Feb. 14	35°.6	2.516	1.782
April 6	54.9	2.576	1.918

Anhang II C

Beobachtungen auf der Astronomischen Station bei Windhuk, Südwestafrika; Einzelwerte

π			
37 Okt. 25	54°.0	9.125	8.918
25	58.3	7.251	7.020

J			
37 Okt. 25	51°.8	6.893	6.440

L			
37 Okt. 25	50°.2	5.053	4.444

T′			
37 Okt. 25	64°.9	4.720	4.281

Kl. Mag. Wolke			
37 Okt. 25	54°.9	3.090	2.378

Anhang III A

Beobachtungen auf der Zweiten Forschungsfahrt; Endwerte

Bez.	α 1925.0 δ	J	m. F. v. J	m. F. d. Einzel-beobacht.	n	Gr.	m. F.	m. F. d. Einzelbe-stimmung	Stufen nach PANN.
ψ	124°.6 −32°.4	1.624	—	—	2	$4^m.47$	—	—	3.4
φ	106.9 − 3.5	1.782	±0.449	±0.777	3	4.37	$\pm 0^m.27$	$\pm 0^m.47$	2.8
γ	108.9 −14.4	1.716	0.143	0.247	3	4.41	0.09	0.16	2.7
V	100.5 − 4.8	2.008	—	—	1	4.24	—	—	1.8
Y	117.0 −33.8	1.132	—	—	1	4.87	—	—	1.4
U	92.1 −19.1	0.819	0.123	0.301	6	5.22	0.16	0.40	0.5
A	165.5 −60.2	4.028	0.152	0.570	14	3.49	0.04	0.15	6.5
A′	177.9 −61.5	3.900	0.194	0.548	8	3.52	0.05	0.15	5.8
B	150.6 −57.6	2.050	—	—	1	4.22	—	—	3.7
C	144.0 −52.6	1.923	0.224	0.501	5	4.29	0.13	0.28	3.0
D	141.5 −46.1	1.107	0.084	0.222	7	4.89	0.08	0.22	1.7
D′	131.6 −57.4	1.299	0.114	0.343	9	4.72	0.10	0.29	1.9
E	137.5 −49.6	1.350	0.126	0.282	5	4.67	0.10	0.23	0.9
E′	160.0 −43.8	0.600	—	—	1	5.55	—	—	1.0
F	199.8 −62.8	2.998	0.223	0.446	4	3.81	0.08	0.16	4.0
G	218.7 −62.5	2.371	0.133	0.326	6	4.06	0.06	0.15	2.7
G′	201.0 −58.4	2.561	0.256	0.512	4	3.98	0.11	0.22	2.9
H	195.7 −51.0	1.174	0.114	0.343	8	4.83	0.11	0.32	1.5
K	191.0 −62.2	1.354	0.075	0.374	25	4.67	0.06	0.30	0.0
N	243.5 −52.9	3.960	0.130	0.566	19	3.51	0.04	0.16	7.3
ζ	231.7 −49.7	2.058	0.196	0.393	4	4.22	0.10	0.21	3.1
π	269.7 −28.4	6,938	0,184	0.734	16	2.90	0,03	0.11	9.8
J	272.5 −28.1	6.193	0.281	0.931	11	3.02	0.05	0.16	9.0
L	280.5 − 7.6	3.517	0.184	0.521	8	3.63	0.06	0.16	7.2
R	264.5 −34.5	2.868	0.237	0.711	9	3.86	0.09	0.27	5.9
S	254.5 −32.5	2.584	0.055	0.154	8	3.97	0.02	0.06	4.7
T	260.0 −43.0	2.573	0.087	0.214	6	3.97	0.04	0.09	3.2
T′	262.7 −16.8	2.425	0.169	0.292	3	4.04	0.08	0.13	3.8
W	249.6 −31.1	1.761	0.130	0.318	6	4.39	0.08	0.20	2.0
W′	242.6 −31.2	1.081	0.084	0.223	7	4.92	0.08	0.22	1.5
λ	259.1 −34.6	1.515	0.083	0.220	7	4.55	0.06	0.16	0.5
X	261.8 −26.5	1.062	0.056	0.168	10	4.93	0.06	0.17	−0.2
a	107.1 −29.0	1.281	0.072	0.251	12	4.73	0.06	0.21	—
b	81.8 − 9.0	0.715	0.086	0.172	4	5.36	0.13	0.26	—
c	119.8 −26.6	2.137	0.103	0.254	6	4.18	0.05	0.13	—
d	134.6 −43.9	1.058	0.122	0.245	4	4.94	0.13	0.25	—
e	139.3 −47.2	1.011	0.147	0.329	5	4.99	0.16	0.35	—
f	187.5 −60.8	2.543	0.213	0.477	5	3.99	0.09	0.20	—
g	170.0 −62.0	1.623	0.159	0.390	6	4.47	0.11	0.26	—
h	226.0 −61.9	1.479	0.114	0.228	4	4.58	0.08	0.17	—
i	227.4 −59.5	2.389	0.025	0.050	4	4.05	0.01	0.02	—
k	226.2 −57.7	1.340	±0.057	±0.114	4	4.68	±0.05	±0.09	—
l	232.0 −56.0	1.444	—	—	2	4.60	—	—	—
m	188.0 − 76.7	0.761	—	—	2	5.30	—	—	—
n	194.0 −79.0	1.072	—	—	2	4.92	—	—	—

Bez.	α 1925.0 δ	J	m. F. v. J	m. F. d. Einzel-beobacht.	n	Gr.	m. F.	m. F. d. Einzelbe-stimmung	Stufen nach PANN.
o	270°.6—35°.1	3.806	±0.337	±0.754	5	$3^m.55$	$\pm 0^m.19$	$\pm 0^m.22$	—
p	283.1— 7.9	2.280	—	—	2	4.11	—	—	—
q	283.5— 4.0	1.817	—	—	1	4.35	—	—	—
r	275.5— 3.1	0.942	—	—	1	5.06	—	—	—
y	117.0—33.8	1.226	—	—	1	4.78	—	—	—
α ½ γ Ori	83.7+ 7.2	1.106	0.037	0.064	3	4.89	0.04	0.06	—
ε ½ μ Sco	251.9—36.0	1.685	—	—	2	4.43	—	—	—
GMW	78.5—69.1	2.987	0.240	0.680	8	3.81	0.09	0.25	7.2
GMW β	82.5—66.6	0.810	—	—	1	5.23	—	—	—
KMW	13.0—73.0	2.365	0.143	0.247	3	4.07	0.07	0.11	—
P*	283.1+17.4	1.773	0.363	0.630	3	4.38	0.39	0.68	—
Q*	294.1+11.5	1.654	—	—	1	4.45	—	—	—
Lupus	242.8—36.5	1.002	±0.072	±0.143	4	5.00	±0.08	±0.15	—

Anhang III B

Beobachtungen auf der Sternwarte zu Sonneberg; Endwerte

Bez.	α 1925.0 δ	J	m. F. v. J	m. F. d. Einzel-beobacht.	n	Gr.	m. F.	m. F. d. Einzelbe-stimmung	Stufen nach PANN.
A	313°.6+44°.5	2.936	—	—	2	$3^m.83$	—	—	5.1
B	334.5+54.0	2.692	±0.237	±0.530	5	3.92	$\pm 0^m.10$	$\pm 0^m.21$	4.5
C	341.5+54.3	2.948	—	—	2	3.83	—	—	3.7
D	353.0+53.8	2.145	—	—	1	4.17	—	—	2.3
G	97.0+22.6	2.235	—	—	2	4.13	—	—	2.0
L	280.5— 7.6	3.042	0.069	0.153	5	3.79	0.02	0.05	6.4
M	294.1+11.5	2.440	0.136	0.333	6	4.03	0.06	0.15	4.3
N	298.0+21.0	2.160	—	—	2	4.16	—	—	3.3
P	283.1+17.5	1.506	0.142	0.245	3	4.56	0.10	0.18	2.2
Q	286.7+23.7	1.432	—	—	2	4.61	—	—	1.4
S	25.0+69.5	1.295	0.088	0.152	3	4.72	0.07	0.13	1.6
T	21.3+52.9	1.664	—	—	2	4.45	—	—	1.1
U*	92.1—19.1	1.000	0.094	0.187	4	5.00	0.10	0.20	0.2
V	359.0+60.6	2.303	0.327	0.566	3	4.09	0.15	0.27	3.6
X	25.2+57.0	2.100	—	—	2	4.19	—	—	2.6
Z	338.7+59.6	1.029	0.136	0.236	3	4.97	0.14	0.25	0.4
a	107.0—29.0	1.784	—	—	2	4.37	—	—	—
b	81.8— 9.0	0.561	—	—	2	5.63	—	—	—
c	119.8—26.6	2.452	0.320	0.555	3	4.03	0.14	0.25	—
γ*	108.9—14.4	1.923	0.038	0.076	4	4.29	0.02	0.04	2.7
φ*	106.9—13.5	1.923	0.077	0.135	3	4.29	0.04	0.08	2.8
p	283.1— 7.9	2.246	—	—	1	4.12	—	—	—
q	283.5— 4.0	1.779	—	—	1	4.37	—	—	—
r	275.5— 3.1	0.950	—	—	2	5.06	—	—	—
α ½ γ Ori	83.7+ 7.2	1.237	0.122	0.272	5	4.77	0.11	0.24	—
Pa 19	304.4+ 5.0	1.201	±0.085	±0.148	3	4.80	±0.08	±0.13	0.6

Bez.	α 1925.0 δ	J	m. F. v. J	m. F. d. Einzel-beobacht.	n	Gr.	m. F.	m. F. d. Einzelbe-stimmung	Stufen nach PANN.
Pa 20	295°.1+15°.1	2.031	±0.121	±0.209	3	$4^m.23$	$\pm 0^m.06$	$\pm 0^m.11$	3.5
„ 21	284.0+22.5	1.425	—	—	2	4.62	—	—	0.7
„ 23	291.4+27.0	1.038	—	—	2	4.96	—	—	1.0
„ 24	293.1+21.5	1.145	0.130	0.225	3	4.85	0.12	0.21	0.5
„ 25	276.8+30.0	0.933	—	—	1	5.08	—	—	0.6
„ 26	292.9+23.0	1.382	0.167	0.289	3	4.65	0.13	0.23	0.6
„ 27	304.2+16.8	1.400	—	—	2	4.63	—	—	2.3
„ 29	287.6+30.5	1.668	—	—	2	4.44	—	—	2.6
„ 30	293.2+28.8	2.619	0.075	0.130	3	3.95	0.03	0.05	5.3
„ 31	295.4+28.7	2.830	±0.271	±0.470	3	3.87	±0.10	±0.18	5.4
„ 32	286.0+35.6	1.234	—	—	1	4.77	—	—	1.1
„ 33	314.0+22.8	0.915	—	—	1	5.10	—	—	0.7
„ 34	307.0+29.0	1.247	—	—	2	4.76	—	—	1.8
„ 35	303.0+32.5	1.309	—	—	1	4.71	—	—	1.2
„ 36	298.4+37.3	2.272	—	—	2	4.11	—	—	4.6
„ 37	291.6+42.0	1.357	—	—	2	4.67	—	—	1.7
„ 39	310.8+31.9	1.729	—	—	2	4.41	—	—	1.8
„ 40	303.5+38.2	2.181	—	—	2	4.15	—	—	5.2
„ 41	308.2+38.2	1.475	—	—	2	$4^m.58$	—	—	1.3
„ 42	314.1+35.8	1.580	—	—	1	4.50	—	—	2.7
„ 43	294.5+47.5	1.241	—	—	1	4.77	—	—	1.2
„ 44	299.2+46.0	1.466	—	—	1	4.58	—	—	1.5
„ 45	306.3+46.0	1.538	—	—	2	4.53	—		2.1
„ 47	303.4+51.6	1.702	—	—	2	4.42	—	—	2.2
„ 49	307.0+55.1	1.360	—	—	2	4.67	—	—	2.7
„ 50	314.0+52.4	1.041	—	—	1	4.96	—	—	0.2
„ 51	325.4+46.7	1.815	—	—	1	4.35	—	—	1.5
„ 52	326.2+49.6	2.347	—	—	1	4.07	—	—	4.7
„ 53	318.5+54.0	1.205	—	—	1	4.80	—	—	1.5
„ 54	330.8+47.6	1.752	—	—	1	4.39	—	—	3.1
„ 55	325.5+54.5	1.553	—	—	1	4.52	—	—	2.5
„ 56	331.7+49.0	1.699	—	—	1	4.42	—	—	3.5
„ 57	319.0+61.2	0.916	—	—	2	5.10	—	—	1.5
„ 59	331.8+63.2	1.523	—	—	1	4.54	—	—	3.2
„ 62	329.8+69.2	1.022	—	—	1	4.98	—	—	1.3
„ 63	346.5+63.4	1.114	—	—	1	4.88	—	—	1.8
„ 64	350.3+57.8	0.561	—	—	1	5.63	—	—	0.7
„ 65	349.6+60.6	1.366	—	—	1	4.66	—	—	3.6
„ 67	347.5+71.2	1.056	—	—	1	4.94	—	—	1.0
„ 70	5.8+57.4	1.689	±0.097	±0.193	4	4.43	±0.06	±0.19	2.2
„ 71	14.0+75.0	0.862	—	—	1	5.16	—	—	0.8
„ 72	12.5+55.7	1.619	—	—	1	4.48	—	—	1.5
„ 76	28.2+59.7	2.053	—	—	1	4.22	—	—	3.2
„ 77	40.0+61.8	1.429	—	—	1	4.61	—	—	2.0
„ 78	35.0+51.1	1.475	—	—	2	4.58	—	—	2.0
„ 79	51.8+65.5	0.948	—	—	1	5.06	—	—	1.2
„ 80	61.5+63.2	0.898	—	—	1	5.12	—	—	1.0
„ 81	43.5+46.1	1.666	—	—	2	4.45	—	—	1.5

Bez.	α 1925.0 δ	J	m. F. v. J	m. F. d. Einzel-beobacht.		Gr.	m. F.	m. F. d. Einzelbe-stimmung	Stufen nach PANN.
Pa 82	54°.0+53°.0	1.076	—	—	1	$4^{m}.92$	—	—	0.9
„ 83	60.8+55.2	1.087	—	—	1	4.91	—	—	0.5
„ 84	52.7+48.7	1.837	—	—	1	4.34	—	—	3.2
„ 85	64.9+57.5	1.077	—	—	1	4.92	—	—	1.5
„ 90	67.7+48.0	1.070	—	—	1	4.93	—	—	0.5
„ 91	66.5+43.9	1.291	—	—	1	4.72	—	—	1.5
„ 92	66.3+42.2	1.412	—	—	1	4.63	—	—	1.6
„ 95	83.5+46.1	1.296	±0.023	±0.040	3	4.72	$\pm 0^{m}.02$	$\pm 0^{m}.03$	0.9
„ 96	77.5+42.0	2.103	—	—	2	4.19	—	—	2.3
„ 97	76.2+40.0	2.032	—	—	1	4.23	—	—	2.2
„ 98	81.6+40.8	1.850	—	—	2	4.33	—	—	2.0

Anhang III C

Beobachtungen auf der Astronomischen Station bei Windhuk, Südwestafrika; Endwerte

Bez.	α 1925.0 δ	J	m. F. v. J	m. F. d. Einzel-beobacht.	n	Gr.	m. F.	m. F. d. Einzelbe-stimmung	Stufen nach PANN.
π	269°.7—28°.4	7.969	—	—	2	$2^{m}.75$	—	—	9.8
J	272.5—28.1	6.440	—	—	1	2.98	—	—	9.0
L	280.5— 7.6	4.444	—	—	1	3.38	—	—	7.2
T'	262.7—16.8	4.281	—	—	1	3.42	—	—	3.8
KMW	-13.0—73.0	2.378	—	—	1	4.06	—	—	—

MIX
Papier | Fördert gute Waldnutzung
FSC® C083411

Zeitfracht Medien GmbH
Ferdinand-Jühlke-Straße 7
99095 Erfurt, Deutschland
produktsicherheit@kolibri360.de